U0387808

图说星球

探索宇宙和星球起源的奥秘

闻新 周露 编著

化学工业出版社

·北京·

内 容 简 介

本书以文字与图片搭配的形式，介绍太阳系各星体及太空探索的奥秘。每章从航天探测器的飞行路线启航，逐一介绍太阳系中的行星、行星卫星和小行星，以及人们所关注的黑洞、星际文明、观星方式等。具体内容包括各类航天探测器、太阳系起源、宇宙诞生、气态行星和固态行星、天体发现和相关的科学家，以及相关的传奇故事，等等。

本书集知识性和趣味性于一体，能够使广大读者在学习天文知识的同时，了解太空探索文化、启迪智慧、开拓视野、增长见识，激发读者科学探索的热情和挑战自我的勇气！为了便于读者学习、理解和记忆，本书还用信息图的形式简要概括了各个天体的基本特征和探索历史。

本书属于太空探索类科普读物，不仅适合广大儿童、青少年和青年科学爱好者阅读，也适合各行各业渴望了解航天探索和宇宙奥秘的人士阅读。

图书在版编目（CIP）数据

图说星球：探索宇宙和星球起源的奥秘/闻新，周露
编著. —北京：化学工业出版社，2022.3

ISBN 978-7-122-40583-8

Ⅰ.①图… Ⅱ.①闻…②周… Ⅲ.①宇宙-普及读物 Ⅳ.①P159-49

中国版本图书馆CIP数据核字（2022）第010443号

责任编辑：张海丽　　　　　　　　　　装帧设计：溢思视觉设计/张博轩
责任校对：李雨晴

出版发行：化学工业出版社（北京市东城区青年湖南街13号　邮政编码100011）
印　　装：北京瑞禾彩色印刷有限公司
787mm×1092mm　1/16　印张15¼　字数294千字　2022年7月北京第1版第1次印刷

购书咨询：010-64518888　　　　　　　售后服务：010-64518899
网　　址：http://www.cip.com.cn
凡购买本书，如有缺损质量问题，本社销售中心负责调换。

定　　价：98.00元

前　言

18 世纪，德国哲学家康德说："世界上有两件东西能够深深震撼人们的心灵：一件是我们心中崇高的道德准则，另一件是我们头顶上灿烂的星空。"

宇宙空间自古以来一直给人一种高深莫测的感觉，天文学科的研究自然不同于其他学科。空间科学技术是 20 世纪中叶以来逐渐形成的一项独立的科学技术，是围绕航天器的研制、发射和应用的一项综合性科学技术。随着火箭的出现，人类登上月球的梦想变成现实。在望远镜发明前，太阳、月球和人们肉眼可见的五大行星是天文学研究的主要对象。航天时代到来后，哈勃太空望远镜对人类了解太空做出了很大的贡献。人们对太阳系、恒星世界、银河系和河外星系等各个层次的天体或天体系统都有了日益深入的认识与了解。

本书以提高公民科学文化素质为目的，极力帮助读者解析几千年以来人类一直思考的问题：外星人在哪里，月球上是否有生命，火星是否发生过高级生命群体的激烈战争，等等。本书前十二章中，每章以航天探测器为出发点，介绍了各个星体的演变、成分、形成和运动规律，同时还介绍了一些对科学发展有着重要影响的科学家，如哥白尼、伽利略和哈雷等；第十三章至第十五章探讨了黑洞、虫洞、奇点理论、星际文明探索、观星方式等人类比较好奇的问题。

本书主要有三大特色：一、以航天探测器飞行轨迹作为问题向导，科学地回答每一个特定星球的问题；二、科学思想与人文故事相互结合，穿插了各式各样的趣事；三、采用可视化信息图进行科学概述、探索历史、回顾总结和知识补充，让读者通过一张图就可以大概了解一个星球的科学事实和人文探索精神。

本书在编写过程中得到了哈尔滨工业大学、南京航空航天大学、北京航空航天大学等高校，以及中国航天科技集团有限公司和中国航天科工集团有限公司同仁和朋友的支持，北京理工大学珠海学院的师生为本书中的坐地观天实践做了一些探索工作，在此表示衷心的感谢。

编著者

目录

开篇
太阳系
起源

远古时代，人类认为地球就是整个宇宙。随着科学技术的进步，我们认识到的地球仅仅是太阳系的一颗行星，地球在以太阳为中心的太阳系中运动，而太阳系又是银河系的一部分。那么，我们所在的太阳系到底是从哪里来的呢？

太阳系的诞生

（1）太阳系形成

46亿年前，银河系不同于今天，它由5条旋转臂组成。在银河系的5条旋转臂的一条臂上，宇宙云中的星际气体和尘埃渐渐开始收缩，形成质量较大物质。又过了5000万年至1亿年后，这些收缩的星云就诞生出了太阳。围绕太阳轨道的颗粒发生坍塌，渐渐地生长出星子，其直径仅仅为几千米，而轨道碎片渐渐地形成了微行星。

（2）行星的形成

美国"阿波罗"登月计划揭示出月坑是由于45亿年前大量天体的撞击而形成的。此后，撞击的频率很快降低了。这一发现使吸积理论有了依据，吸积理论认为宇宙尘埃团聚在一起成为颗粒，颗粒变成砾石，砾石变成小球，然后变成大球，再变成微行星（星子），最后，尘埃终于变成了月球那样的大小。随着星体越来越大，有一些星体在太阳引力作用下，被太阳捕获，进入太阳轨道，成为内行星，如水星、金星、地球和火星等。另外一些星体今天仍然独立存在，如小行星和彗星等。

图0-1　太阳系诞生初期

图0-2　流星撞击到微行星的情景

地球环境的形成

（1）地球形成的初期（46亿年前）

46亿年前，由于地球自身的辐射、内部引力的坍缩和天外流星的撞击，地球基本处于熔融状态，进而发生了较重的铁元素沉积到地心，较轻的地壳和地幔浮在地核之上，包围着地核。

（2）早期地球的内部（35亿年前）

35亿年前，地球的地层形成了。地层从外至内包括地壳、地幔、外核和内核。地壳厚度大约为19千米，如果把地球收缩成一个鸡蛋大小，那么地壳厚度就

图0-3　早期地球深层岩浆受到大冲击挤压到地球表面

图 0-4　地球内部结构

图 0-5　地球早期的大气层

图 0-6　地球上的化学元素来自恒星

是鸡蛋壳厚度的一半。地壳下面是地幔，地幔相当于鸡蛋的蛋清，地幔的厚度约为 2900 千米，具有足够的柔性，即使运动也不会断裂。地幔的温度为 870 摄氏度至 3000 摄氏度。

在地幔之下是地球的外核和内核。外核是熔融状态的，温度为 5000 摄氏度至 6000 摄氏度，类似于太阳表面的温度，厚度约为 2500 千米，它也是地球的磁场源。内核的温度很高，因为压力很大，所以它是固体的，直径约为 1200 千米。

（3）地球环境的形成（40 亿年前）

地球最初就有大气层，主要是由氢气和氦气组成，但由于太阳辐射，这些氢气和氦气逃逸到了太空。后来，火山爆发喷射出来的气体改变了大气成分，水蒸气、二氧化碳和氮气进入了地球的大气层。之后，水蒸气上升形成了云，不久转化成雨落到地球上。雨水聚集成为江湖、河流和海洋盆地。少量氧气出现在大气层里，氮气也不断积累。

（4）地球大量的化学元素来自哪里？

既然地球最初主要是由氢气和氦气组成，那么，地球上大量的化学元素来自哪里？答案是：这些元素来自恒星。

恒星，如我们的太阳，它通过自己内核的核聚变，创造出大量的化学元素。特别是当恒星死亡的时候，释放出更多的化学元素和物质，包括二氧化碳、硅、氧和铁等，甚至也可能释放出生命元素，进而丰富了宇宙尘云。

顺便指出，月球则不如地球那么幸运，没有大气层保护，所以它一直遭受宇宙碎片的撞击，有些撞击它的碎片甚至与一座城市的面积一样大。

我们太阳系中的所有行星

我们的太阳系中有8颗行星，但只有3颗行星有"发现者"和"发现时间"的记载。

水星是最小的行星，仅比月球大一点，它经历了最极端的温度变化。

地球是目前已知唯一存在生命物质的行星，地球表面大约71%被水覆盖。大气层可以保护地球免受外来小行星的撞击。

水星的公转周期为87.97个地球日

金星的公转周期为 224.7 个地球日

它的自转周期比公转周期长

水星

地球

金星与地球的自转方向不同，它是顺时针旋转的。因此，在金星上太阳西升东落，它的自转速度很慢，自转周期为243个地球日。金星的表面温度高达470摄氏度，比水星还热。

金星

地球的公转周期是365.24天

火星属于类地行星，直径约为地球的53%，质量约为地球的11%。自转轴的倾斜角度、自转周期均与地球相近，火星公转一周的时间约为地球的两倍。

火星的自转周期约为24小时

火星的公转周期为 686.98个地球日

小行星带

小行星带位于火星轨道木星轨道之间，这一区域着太阳系内的大多数小行

火星

木星是太阳系中最大的行星。目前已经发现它有79颗卫星，其中"木卫三"是太阳系中最大的卫星。木星的公转周期约为12个地球年，自转速度约为10小时/圈。

木星

土星

天王星是冰巨星，它有13个光环，并绕着侧面自转。天王星的自转轴几乎是躺在轨道平面上的，倾斜角度高达98度，天王星的公转周期是84.3个地球年。在它的两极，有长达21个地球年的冬季。

天王星

亚里士多德（公元前384年—公元前322年），古希腊最具影响力的哲学家之一，他相信地球和天堂是分开的。当时，古希腊人是第一个将天文学从预测提升到解释和理解的民族。

亚历山大大帝（公元前356年—公元前323年），公元前332年征服埃及，建立了亚历山大城，成为古希腊文明的中心。古希腊天文学家的许多重要会议，都在亚历山大港或附近举行。

阿里斯塔克斯（公元前310年—公元前230年），他认为太阳是宇宙的中心，地球和其他行星围绕着它，通过观察太阳和月球之间的夹角，估算太阳到地球的距离。

克劳迪亚斯·托勒密（100年—170年），提出了一个宇宙的地心说模型，这个模型被广泛接受，直到1400年后被哥白尼的日心说取代。

尼古拉斯·哥白尼（1473年—1543年），提出了当时最连贯的日心说宇宙模型。

第谷·布拉赫（1546年—1601年），在望远镜出现之前收集了当时最精确的天文数据。

伽利略（1564年—1642年），利用新发明的望远镜进行了重要的观测，证明了日心说模型的正确性。

约翰内斯·开普勒（1571年—1630年），对第谷的数据进行分析，并提出了一些经验法则来描述行星在其轨道上的行为。

星是气体巨行星，至少
卫星和7个环。它由于自
风，风速是地球上风速
强风给土星带来了金黄
环。最大的卫星是"土
比水星还要大。

艾萨克·牛顿（1643年—1727年），推导出行星运动的物理定律，在埃德蒙·哈雷的鼓励下，于1687年完成了《自然哲学的数学原理》一书。

哈洛·沙普利（1885年—1972年），第一个正确估算出银河系的大小以及太阳所处的位置，扩展了哥白尼的原理："地球不是我们太阳系的中心，太阳也不是宇宙的中心。"

海王星也是一颗冰巨星，天文学家在它被发现之前就预言存在海王星。由于它的轨道是椭圆形的，所以在某些地方，它比矮行星冥王星离太阳更近。

海王星

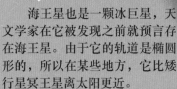

海王星的公转周期约164.8个地球年

埃德温·哈勃（1884年—1953年），在20世纪20年代进一步扩展了哥白尼原理，证明了银河系是宇宙中无数个星系中的一个。

人类对太阳的探索历程

太阳

太阳已诞生差不多46亿年，目前已经进入了中年时期，即黄矮星时期。古代天文学家通过肉眼观察发现了太阳特征，而且也记录了太阳黑子，但直到17世纪望远镜的出现，人类才开始系统地研究太阳。

1613年，意大利科学家伽利略绘制了关于描述太阳黑子及其特性的图。

17世纪70年代，英国天文学家约翰·佛兰斯蒂德和法国天文学家乔凡尼·多美尼科·卡西尼计算出了地球到太阳的距离。

1802年，德国物理学家约瑟夫·冯·夫琅禾费发明了分光仪，并在太阳光的光谱中发现了574条黑线，后来人们称这些黑线为"夫琅禾费线"。

特征标志

太阳黑子

这里呈现的黑点，称为太阳黑子。太阳黑子是由于剧烈的磁场活动而产生的。剧烈的磁场活动降低了这个区域的温度，使其明显比周围区域更黑暗。太阳黑子通常是成对出现的，每对黑子具有一个北磁场和一个南磁场。

太阳耀斑

明亮的太阳耀斑从太阳表面射出，并且随着磁暴而释放出去。

颗粒

太阳表面呈多角形小颗粒形状，平时用天文望远镜可以观测到。颗粒形状的温度比颗粒间区域的温度高约300℃，所以显得比较明亮，小颗粒直径为1000~2000千米。

太阳大小

与环绕太阳运行的八大行星比较，太阳是超级大的。

水星

金星

地球

火星

木星

天王星

土星

海王星

1843年，德国业余天文学家塞缪尔·海因利希·史瓦贝发现了太阳黑子数量变化大约为10年一个周期。

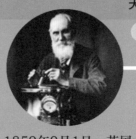

1859年9月1日，英国业余天文学家理查·克里斯多福·卡林顿观测到了太阳耀斑。

1891年，乔治·埃勒里·黑察太阳黑子光谱线分裂时，发现子的磁场。同年，他还用自己发明摄谱日光仪拍摄了太阳的第一张照

太阳的内部

核心

核心约占太阳体积的25%，它是太阳的中心反应区，它在消耗氢气产生氦气的过程中，以伽马射线的形式释放大量能量。其温度大约为1500万摄氏度。

辐射区

伽马射线即伽马粒子流，从太阳核心穿过放射区要花上几十万年的时间，这是因为它们间接地向外射出时，会和许多其他粒子相互碰撞。

对流区

当对流区把能量以热的形式传递到太阳的大气层时，形成太阳外壳的这个区，看起来好像是在沸腾，它的表面温度大约为5500摄氏度。

太阳的大气层

光球层

这是太阳唯一可用肉眼看见的部分。因为在这里，太阳的能量以光的形式释放到太空中。

色球层

这个薄层位于光球层的上方，而且仅在日食期间才能被看到。

日冕

日冕位于色球层的上方，它发出珍珠般的光芒。日冕只有在日食期间才能被看到。

2018年，美国成功地发射了"帕克"号太阳探测器，成为有史以来最接近太阳的人造物体。将为人类理解太阳风的起源和高能粒子物理学提供新见解。

1991年至1995年，日本分别发射了两颗太阳探测卫星，首次测量到了太阳耀斑产生的超热云，拍摄到了太阳从活跃状态到不活跃状态时的X射线照片，证明了太阳的日冕亮度在一个太阳周期内降低约100倍。

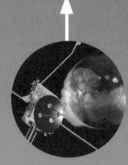

1990年，欧美联合发射了第一颗绕太阳极地轨道飞行的"尤利西斯"号探测器，发现了太阳风的速度并不是不断地向两极增加，而是在高纬度地区以750千米每秒的速度稳定下来。

世纪30年代，贝尔纳·费迪恝发明了不需要等候日食发以观测日冕的日冕仪，并制一部日冕动态影片。

20世纪60年代，美国天文学家罗伯特·莱顿改进了黑尔的摄谱日光仪，使它可以测量速度和磁场，并利用它发现了太阳振荡。

1962年至1975年，美国轨道太阳天文台系列卫星（8架太空望远镜）首次观测到了太阳耀斑中的X射线和γ射线。

第一章
从地球
到太阳

从地球到太阳，说起来容易，但做起来不易。自古以来，人类就对太阳充满着一种爱，并怀揣着飞到太阳上的梦想。但是太阳附近温度很高，人类又一直没有研制出能够抗灼热高温的材料，所以这个梦想一直未能实现。

1 跟着探测器飞向太阳

自从人类进入航天时代以来，科学家们就一直运用太阳探测器来研究太阳的内部和外部情况。由美国航空航天局（NASA）研制的"先驱者"5号，是一颗自旋稳定卫星，重43千克，结构由一个直径为0.66米的球体，外加四个边长为1.4米的太阳帆板组成。它于1960年3月11日发射，主要任务是探索地球与金星之间太阳耀斑对磁场的影响。这是人类第一次实现行星际飞行，首次验证了行星际磁场的存在。

由于"先驱者"5号探测器没有携带相机，所以没有传回具体图像数据。尽管如此，"先驱者"5号依然是NASA"先驱者"系列计划中最成功的探测器。

图1-1　第一颗太阳探测器"先驱者"5号

太阳的高温、高辐射等恶劣空间环境特性，对近距离观测太阳的探测器要求十分严格，乃至苛刻。"太阳神"号是为数不多的太阳近距离日心轨道探测器，包括"太阳神-A"和"太阳神-B"两颗姊妹探测器。

"太阳神"号是由德国和美国联合研制的探测器，它能够承受很高的太阳辐射热负荷。在天线系统抛物面反射器的温度达到400摄氏度，太阳帆板达到128摄氏度的情况下，仍然能够正常工作。两颗探测器分别于1974年12月10日和1976年1月15日发射升空，其主要任务是帮助科学家探测太阳风、行星际磁场、宇宙射线等。

"太阳神"号至今还保持着距离太阳最近的记录，它相比水星还略微靠近太阳。同时，它还是历史上飞行速度最快的人造太空物体，速度为70千米每秒。目前，两颗"太阳神"号探测器已经停止工作，但仍然在绕太阳运行的椭圆轨道中漂泊着。

1990年10月6日，美国"发现"号航天飞机将欧美共同研制的"尤利西斯"号太阳探测器送入太空，探测器重385千克，以钚核反应堆作动力，运行在太阳极地轨道上。

图1-2 "太阳神"号探测器

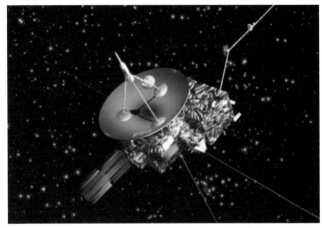
图1-3 "尤利西斯"号太阳探测器

"尤利西斯"号进入太空后，首先飞往木星，然后通过重力弹弓效应变轨进入过太阳南、北极的绕太阳飞行的椭圆形轨道。轨道离太阳最远时为8亿千米，最近时为1.93亿千米，探测器可以对太阳表面进行全方位的观测。它探测太阳两极，以及太阳周围的巨大磁场、宇宙射线、宇宙尘埃、γ射线、X射线、太阳风等。在星际旅途中，它还发现了比这之前所已知的多30余倍的宇宙尘埃进入太阳系。

2008年，由于钚燃料能量逐渐减弱，发电机无法提供足够的热量暖化燃料。这颗设计寿命仅为5年的探测器，在轨工作了17年后，被"冻死"在遥远的星空。

提起SOHO，不少人可能首先会把它和某个地产公司联系起来。但这里谈到的SOHO并非房地产项目，而是1995年发射的"太阳和日球层探测器"（Solar and Heliospheric Observatory）的简称。

SOHO是欧洲航天局（简称欧空局或ESA）和NASA两大航天局联合研制的太阳探测器，用以研究太阳的结构、化学组成、太阳内部的动力学、太阳外部大气的结构及其动力学、太阳风与太阳大气的关系。该探测器重610公斤，被部署在L1拉格朗日点上。在该点，环绕太阳公转所需的向心力是经地球重力抵消后的太阳重力，而公转周期与地球相同，因此探测器可停留在相对位置上。

今天 SOHO 仍然在轨工作。从入轨工作至今，它已经传回了大量太阳风暴、色球层和日冕的壮观图像；在观测太阳的同时，它还发现了 2000 颗掠日彗星。

由 NASA 研发的"起源"号探测器，于 2001 年 8 月 8 日发射升空，它的任务是搜集太阳风粒子，用于研究太阳系的起源和演化等方面问题。为了避免地球磁场对太阳风粒子污染，"起源"号大部分时间工作在 L1 拉格朗日点附近。

"起源"号还是一颗返回式卫星，它也是自 1972 年"阿波罗"17 号带回月球土壤样本以来的第一颗带回空间样本的空间探测器。探测器返回舱在返回地球时发生意外，导致其高速撞击坠落在犹他州沙漠上，造成采集的样品受到污染。科学家们花费了 4 周时间恢复了大量样品。

图1-4 SOHO探测器

图1-5 "起源"号探测器

2006 年 10 月发射的日地关系观测台，简称 STEREO，是由美国、英国、法国、德国、比利时、荷兰及瑞士等多个国家联合研制。该观测台由两颗相距 180 度的探测器组成，部署于太阳两侧，一颗总在地球前进方向的前方，另一颗总在地球前进方向的后方，以此获取太阳的 3D 立体图像。同时，该观测台能在三维空间中研究日冕喷发物质，这些喷发物质会影响地球磁场，甚至会产生磁暴，危害在轨卫星和飞船，严重时还会干扰地面上的电气设备。因此，航天领域的专家们希望通过日地关系观测台对太阳的观测，在未来能够更好地预测磁暴。

目前，对太阳进行探测的卫星，大部分都处在离太阳较远的轨道。由于地球大气环境并不影响对太阳的观测，有些探测器直接选择绕地球飞行，2006 年 9 月 22 日发射的"日出"号卫星便是其中之一。

"日出"号卫星由日本、美国和英国联合研制，运行在准圆形的太阳同步轨道，近地点为 280 千米，远地点为 686 千米。这颗卫星的主要任务是观测太阳磁场的精细结构，研究太阳耀斑的爆发活动，拍摄高清晰度的太阳图像。

卫星上所装载的科学仪器设备能够有效探测可见光、紫外线以及 X 射线；同时，能够观测太阳的磁场活动，为研究太阳黑子和太阳风提供重要数据；除此之外，还能研究太阳磁场和日冕之间的相互作用。

图1-6 "日出"号卫星

从地球到太阳需要多长时间

太阳位于太阳系的中心，到地球的距离大约为 1.5 亿千米。太阳光从太阳表面发射出来到地球，需要 8 分 20 秒。

自 2015 年以来，NASA 制定了一个"帕克太阳探测器"计划，于 2018 年 8 月 12 日沿椭圆形轨道发射一颗"帕克"号太阳探测器。"帕克"号太阳探测器先进入水星轨道，然后利用重力式制动方式反复飞越金星，逐渐靠近太阳，最后到达太阳表面。"帕克"号太阳探测器将成为人类制造的飞行速度最快的物体，预计 2025 年 6 月到达太阳大气层，整个飞行过程需要花费 6 年多。

航天探测器	发射时间	到达时间	花费时间	到达位置
"尤利西斯"号	1990.10.6	1994.6.26	3年9个月	接近太阳南极
"起源"号	2001.8.8	2001.11.1	84天	L1点附近
"帕克"号	2018.8.12	2025.6	6年10个月	太阳表面

2 太阳，生命之火

太阳是太阳系中对地球影响最大的天体，它不仅提供了光和热，还可以说是生命的孕育者。除了一天的日夜变化，一年的四季变化也是因为太阳和地球相对位置改变的关系。所以人类很早就开始观测太阳，在出土的各种古迹史料中，可以发现许多与太阳有关的文物与记载。古代时期，太阳是许多原始部落所崇拜的神祇，人类现在所用的历法也是根据太阳运行的周期变化制定的。

天文学家们把太阳结构分为内部结构和大气结构两大部分。太阳的内部结构由内到外可分为核心、辐射区、对流区3个部分；太阳的大气结构由内到外可分为光球、色球和日冕3层。

太阳的核心区域很小，半径只是太阳半径的1/4，但它却是产生核聚变反应之处，是太阳的能源所在地。核心区温度和密度的分布都随着与太阳中心距离的增加而迅速下降。

太阳的辐射区位于太阳内部0.25～0.71个太阳半径区域，辐射区约占太阳体积的一半。太阳核心产生的能量，通过这个区域以辐射的方式向外传输。

太阳对流区处于辐射区的外面，大约在0.71～1.0个太阳半径区域。由于巨大的温度差引起对流，内部的热量以对流的形式在对流区向太阳表面传输。除了通过对流和辐射传输能量外，对流区的太阳大气湍流还会产生低频声波扰动，这种声波将机械能传输到太阳外层大气，导致加热和其他作用。

太阳光球层就是我们平常所看到的太阳圆面，通常所说的太阳半径，也是指光球的半径。光球的表面是气态的，其平均密度只有水密度的几亿分之一，但由于它的厚度达500千米，所以光球层是不透明的。光球层的大气中存在着激烈的活动，用望远镜可以看到光球表面有许多密密麻麻的斑点状结构，就好像一颗颗米粒，称之为米粒组织。它们极不稳定，一般持续时间仅为5～10分钟，其温度要比光球层的平均温度高出300～400摄氏度。

光球表面另一种著名的活动现象便是太阳黑子。黑子是光球层上的巨大气流旋涡，大多呈现近椭圆形，在明亮的光球背景反衬下显得比较暗黑，但实际上它们的温度高达4000摄氏度。倘若能把黑子单独取出，一个大黑子便可以发出相当于满月的光芒。太阳黑子出现的情况不断变化，这种变化反映了太阳辐射能量的变化。太阳黑子的变化存在复杂的周期现象，平均活动周期为11.2年。

色球层的某些区域有时会突然出现大而亮的斑块，人们称之为耀斑，又叫色球爆发。一个大耀斑可以在几分钟内发出相当于10亿颗氢弹的能量。

日冕是太阳较外层的大气体。日珥是从色球喷发的巨大气体云，会出现在这一个区域中。日冕可以延伸到太空中很远的地方，带出一些粒子离开太阳。以前，日冕只有在日全食时才看得见，现在使用日冕仪器可以天天观察日冕的变化了。

日冕厚度达到几百万千米以上，温度有 100 万摄氏度。在高温下，氢、氦等原子已经被电离成带正电的质子、氦原子核和带负电的自由电子等。这些带电粒子运动速度极快，以致不断有带电的粒子挣脱太阳的引力束缚，射向太阳的外围，形成太阳风。

太阳的能量通过两种途径释放：第一种途径是以可见光（所谓的太阳光）的形式向外释放，第二种途径是以带电粒子的形式向外释放。

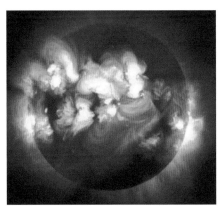

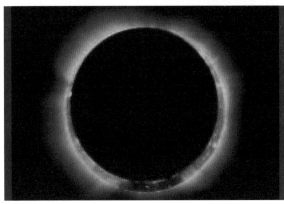

图 1-7　太阳的结构（左上）

图 1-8　色球爆发（右上）

图 1-9　太阳的辐射（也称为日冕现象）

太阳的基本参数

直径	139.2万千米	到地球距离	1.5亿千米
质量（地球=1）	333 000	自转周期	25地球日
输出能量	38500 000 000 000亿兆瓦	年龄	46亿年
表面温度	5500摄氏度	核的温度	1500万摄氏度

太阳与地球参数对比

太阳似乎是巨大的，然而就恒星而言，它的大小处于平均量级。太阳半径大约是地球半径的 109 倍，其质量大约是地球质量的 333000 倍。

如果把地球想象成是一个成年人，那么太阳就好像是一栋高楼了。如果地球的半径是一个人的高度，那么太阳的半径大约相当于一栋 60 层大楼的高度。太阳如此巨大，以至于我们在同一比例尺下绘制地球和太阳时，只能画出太阳的一小部分，否则地球会因为在图上太小而注意不到。

图 1-10　太阳和地球的比较

3　太阳对生命有什么影响?

在太阳系中，太阳是最大的天体，占整个太阳系总质量的 99% 以上。几乎所有行星的能量都是来自太阳，太阳就好像一个自然的发电厂，提供能量给万物。

太阳能量来自它的核心区，那里的温度为 1500 万摄氏度，压力为 2500 亿个大气压，所以太阳核心处的氢元素会发生核聚变反应，这个反应会导致四个氢核融合成一个氦核，一个氦核的质量比四个氢核的质量少 0.7%。这些质量会转化成能量释放，即每秒有 7 亿吨的氢转换为 6.95 亿万吨的氦，所以太阳的质量就愈来愈轻。还好太阳的发电能力还算稳定，所以地球从诞生以来的温度变化不大。不过，也有人认为以往数次的冰河时期，有些是因为太阳活动趋缓造成的。

让我们想想看，如果太阳能量变大或变小时，你认为地球上会发生什么事呢?

太阳活动会产生色球爆发和日冕等现象，任何太阳活动都是非常壮观的，而且大多在很短的时间内会直接或间接影响地球的大气、气象、地磁等，进而也会影响人类的生活，甚至导致社会文明的兴衰。所以，太阳虽然距地球 1.5 亿千米，但在太阳上发生的任何现象都会对地球产生非常大的影响。

20 世纪 40 年代，美国空军曾将动物送入太空。考虑动物的重量会增加火箭的负担，所以昆虫成为第一批动物宇航员进入太空。

1951 年 9 月 20 日，美国空军发射一枚火箭，携带一只猴子和 11 只老鼠。这些动物升至 72 千米的高度，并安全返回地面，这也是人类首次将动物送到大气层的边缘。

1957 年，苏联安排一只称为莱卡的小狗，搭乘苏联的 Sputnik-2 号卫星，进入太空轨道。但由于当时卫星的防护技术问题，小狗被高温闷死在卫星里。

1992 年，NASA 的"奋进"号航天飞机把青蛙送入太空，验证了太空环境对两栖动物的卵受精和孵化产生的影响。

图 1-11 苏联把一只被称为莱卡的小狗送入太空

图 1-12 "奋进"号航天飞机的一名宇航员手里拿着一只青蛙进行试验

图 1-13 世界上第一位进行了出舱行走的女宇航员萨维茨卡娅

在近地空间的低轨道上，因为地球空间存在磁场，能够俘获大部分太阳射线，所以如果飞船采取一定的防护措施，太阳辐射对航天员的身体影响不大。苏联女宇航员萨维茨卡娅在谈到我国女宇航员刘洋时说："她还年轻，至少太空飞行不会影响到她的生育，如果她喜欢这个工作，也许她会再飞一次。"

不过，在太阳活动高峰时期，太阳辐射会对航天员造成极大的危害。如果宇航员飞往火星或木星，远离地球磁场的保护，太阳辐射也会对航天员的身体带来巨大威胁。目前，科学家们还在不断地探索太阳长期辐射对人体的影响和保护措施等问题。

当太阳风到达地球附近时，与地球附近的磁场发生作用，并把地球磁场的磁力线吹得向后弯曲。但是地球磁场的磁压阻滞了等离子体流的运动，使太阳风不能侵入地球大气而绕过地球的磁场继续向前运动，并将地球磁场吹成泪滴状，于是地球磁场就被包含在这个泪滴里。类似地，这种"风"也会将彗星的尾巴吹成"长羽毛"状。

但是，当太阳出现突发性的剧烈活动时，情况会有所不同。此时太阳风中的高能离子会增多，这些高能离子能够沿着地球附近的磁力线侵入地球的极区，并在地球两极的上层大气中放电，产生绚丽壮观的极光。地球北极和南极上方闪烁美丽的极光，就是由太阳风引起的。对于人类航天活动，如设计卫星，太阳风是一个非常重要的考虑因素。

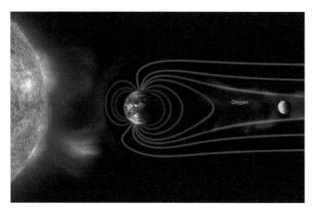 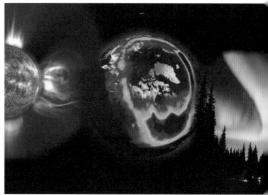

图1-14　太阳风使地球磁场形成像彗星的尾巴（左）和地球北极和南极上方闪烁美丽的极光（右）

4　太阳的"死亡"

科学家们现在并不能确定，宇宙的未来会怎样。相比之下，科学家们对于像太阳这样的恒星及其行星系统的正常演化倒是很清楚。天体物理学家们对于所谓的"白矮星"非常感兴趣，因为当太阳逐渐老去之后，就会变成这种年迈的恒星。对于白矮星的研究能够让他们更好地预测太阳系的未来。

地球生命从太阳那里接收的能量以光和热的形式存在，这些能量来自太阳炙热的身体内部的核聚变反应。在太阳的核心区域，氢原子核会融合在一起，生成氦原子核，同时以X射线光子和γ射线光子的形式释放出能量。接着，经过2000万年的时间，这种能量被传递到外部，同时转化为光能。当你享受阳光沐浴的时候，你享受的光正是2000万年前在太阳的核心区域发生核反应的结果。

对于天体物理学家们来说，能够很容易地计算出太阳内部含有的核燃料大概还能够继续燃烧50亿年。在那之后又会发生什么呢？太阳的核心部位将会坍塌，同时，它的外部区域将会向外扩张，吞噬现有的行星轨道。最终，在太阳的中心位置，将会留下一颗小小的白矮星，剩下的其他物质将会重新成为星际物质，也就是在恒星之间存在的大片气体云。

但应该注意的是，从太阳中逃逸出的物质总和，并不会比留在它核心位置的白矮星更重。在一般情况下，白矮星的重量几乎和现在太阳的重量差不多，而它的体积却会比地球还小，这是非常大的密度。白矮星们的最终命运是慢慢地冷却，然后像晶体一样凝固。因为白矮星中含有大量的碳元素，人们将它们比喻成"天体钻石"。但是白矮星们不会在生命的最后阶段像钻石一样大放光彩，在我们的眼中，它们将消失不见。

在这种情况下，人们不禁要问，当太阳的生命走到尽头的时候，地球和其他行星的命运将会是怎样的呢？固体行星与太阳的距离很近，这意味着它们将要承受极高的温度，然后就此分解？还是说它们会被抛向寒冷的宇宙深处，在远离太阳的地方逐渐死去？目前，对于白矮星的研究为科学家们提供了关于在恒星死亡时，它的行星系统最终命运的重要信息。

近年来，天体物理学家们在很多白矮星周围发现了包含碎片的圆盘，也就是由粉尘和像小行星一样的小块物体构成的圆盘状物质群，这很可能也是太阳系的最终状。如果在银河系与仙女座星系碰撞的过程中，我们的太阳系没有被提前粉碎的话，行星们将会爆炸，它们的碎片将会依然围绕着中心恒星旋转，最终掉入其中。其实这是一个有点儿可怕的场景，但是请放心，这是50亿年以后的事情，而地球目前年龄还不到50亿年。因此，人类还有很多的时间去思考对策。

水星

水星最接近太阳，是太阳系中最小的行星。水星在许多方面与月球相似，通过双筒望远镜、有时直接用肉眼便可观察到它。

假设地球到太阳的距离为1，那么水星到太阳的距离则为 0.38 。

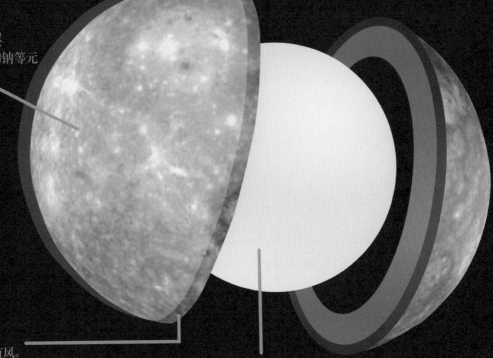

稀薄大气层
由氦、氢、氧和钠等元素组成。

水星表面
大气压为0，没有风。

金属核
由液体铁核组成，大约占水星半径的3/4。

水星探索历史的里程碑

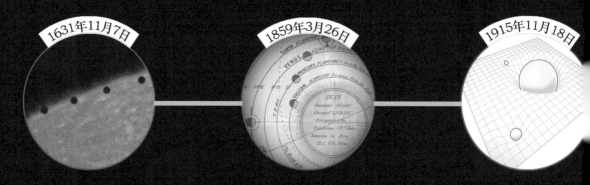

1631年11月7日

1859年3月26日

1915年11月18日

人类首次预测水星凌日事件

约翰尼斯·开普勒预测1631年11月7日将发生水星凌日事件。他建议天文学家们在这前一天和后一天都要进行观察。遗憾的是，开普勒于1630年11月15日去世。

火神星

1859年3月26日，一个狂热的法国业余天文学家埃德蒙德·莱斯卡波发现了一个穿过太阳的黑点，并写信告诉了勒维耶。勒维耶联想到水星近日点有进动现象，于是推断在水星与太阳之间有一颗新的行星，并将其命名为"火神星"。

爱因斯坦解释水星进

1915年11月，爱因斯坦士科学院做了四次广义相对在18日的第三次讲座中，爱释了水星近日点的进动现象，束时说："不管怎样，我愿意天文学家做最后的决定。"

水星体积
(地球=1)
0.056

水星质量
(地球=1)
0.055

水星的排序

水星 | 地球 水星 | 金星 水星

水星是八大行星中体积最小的行星。

水星的密度排在第二位，地球的密度最大。

八大行星中，水星的平均温度第二高，最高温度达430摄氏度。金星的平均温度最高。

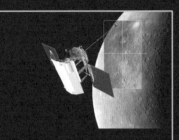

访问水星
人类航天探测器仅仅访问过水星2次。

水星的运行轨道
水星的运行轨道是椭圆形的，水星围绕太阳转一圈需要约88个地球日。

水星的引力
水星没有地球重，所以水星的引力大约只有地球的三分之一。假如你在地球上称体重是100千克，那么你在水星上可能只有38千克左右。

965年4月6日

1974年3月29日

1991年8月23日

north pole

2011年3月17日

达测定水星日
学家利用射电望远球的无线电信号，的自转周期为公转分之二，即58.65

"水手"10号
"水手"10号是第一颗装有图像系统的探测器，也是第一颗探测水星的探测器。"水手"10号于1974年3月29日从距离水星表面700千米的地方飞过，发现水星没有空气，表面坑坑注注。还发现了太阳系早期一次巨大碰撞的遗迹，也称"卡路里盆地"，其覆盖区域超过水星直径的四分之一。

水星两极水冰
1991年8月23日，加州理工学院和喷气推进实验室的科学家们处理水星雷达信息时，发现了水星北极的强烈反射，这种反射与火星极地冰盖的反射相似。后来，"信使"号探测器发回的信息证明了彗星碰撞带来的冰可以永久地封存在阴影笼罩的陨石坑底部。

"信使"号进入水星轨道
2011年3月17日，美国"信使"号飞船进入了水星轨道，成为人类第一颗围绕水星运行的探测器。"信使"号完全测绘了水星的表面，证实了阿雷西博看到的水冰，找到了水星曾有过火山活动的证据，发现水星核心比之前认为的要大得多。

第二章
从地球
到水星

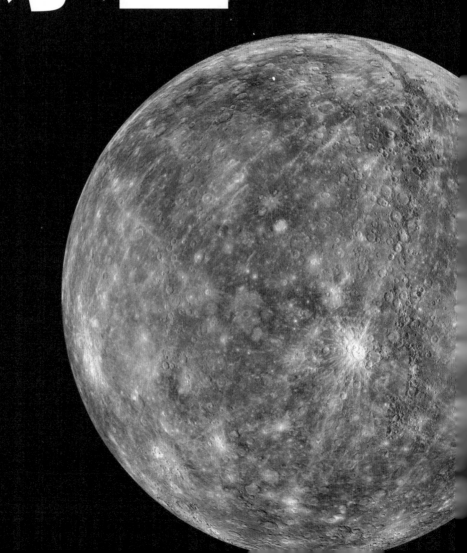

水星是离太阳最近的行星，离地球也不远。但是，水星却是最难被人"看见"的行星。天文学家哥白尼是第一个解释了水星没有穿越整个星空而仅在太阳附近摆动的人，但据说哥白尼一生中最遗憾的事情就是从来没有看见过水星。

1 跟着探测器飞向水星

水星是太阳系中距离太阳最近的行星，也是太阳系中四大类地行星之一，离地球并不远。然而，人们对水星的探测却远远不够，迄今能够称得上探测水星的探测器主要有美国发射的"水手"10号和"信使"号。而且严格来说，"水手"10号并不是水星探测器，而是同时探测水星和金星的探测器。

"水手"10号是人类第一颗装有图像系统的探测器，也是第一颗探测水星的探测器。"水手"10号于1973年11月3日，由美国发射升空。1974年2月5日，它从距离金星5760千米的地方飞过。1974年3月29日，"水手"10号从距离水星表面700千米的地方飞过，开启了其颇为"奇特"的水星探测。"水手"10号从这时进入了周期为176天的公转轨道，这正好是水星公转周期的二倍，因此它每次飞掠水星时都在水星的同一地点。1974年9月21日，"水手"10号第二次经过水星；1975年3月6日，它第三次从水星上空330千米处经过。三次近距离飞掠，"水手"10号拍摄了大量照片，这些照片涵盖了水星表面积的57%。

美国"信使"号探测器是实实在在的水星探测器。"信使"号水星探测器于2004年发射，经过6年半时间，飞过长达79亿千米的遥远旅程，三次飞掠水星后，至2011年进入水星的轨道，成为人类第一颗围绕水星运行的探测器。"信使"号轨道距离水星表面最近点为200千米，最远点为15193千米。

"信使"号从地球飞向水星的道路颇为"曲折"。地球距离水星只有区区7730万千米（最近），但是"信使"号却飞行了79亿千米才到达水星，主要是为了使用较少的燃料来降低速度，并进行了5次轨道修正，更重要的是6次飞掠内太阳系行星，借助引力弹弓来减速。即使这样，"信使"号重量大半都是燃料，总质量1092千克，其中燃料607千克，燃料占比高达55.6%，可以说"信使"号简直就是一只"油老虎"。

"信使"号不辱使命，取得了不菲的探测成果。"信使"号携带的各种科学仪器可以检测水星表面的元素组成，可以用于验证有关水星密度的各种理论，确定水星的地质年代，而且发现水星或许存在水冰等。

"信使"号在完成水星探测使命后，无法返回地球，于2015年04月30日3时30分，通过硬着陆的方式以3.9千米每秒的速度撞击到水星表面，壮烈"牺牲"在水星上，并在水星表面形成一个直径约为16米的大坑。

图说星球：
探索宇宙和星球起源的奥秘

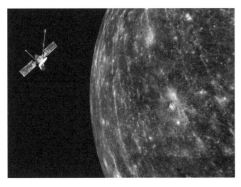

图2-1　1974年3月"水手"10号飞越水星

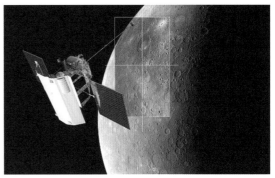

图2-2　"信使"号探测器

从地球到水星需要多长时间

水星和地球一样，都在围绕太阳旋转，它们之间的距离呈周期性变换，在最接近的地方，水星距离地球7730万千米，这点距离光线传播只需要4.3分钟。如果航天器能够以光速飞行，从地球到水星花费的时间与到邻居家的时间差不多。

但是，就算是平均飞行速度最快的"新视野"号探测器，以约8万千米每小时的速度飞行，按照地球和水星最接近的距离飞行也需要40天左右。而且，探测器在行星之间一般不是按直线飞行，而是要遵循使用最少能量的路径，所以需要飞行更远的路程，花费更长的时间。真正飞越水星的第一颗探测器是"水手"10号，飞了147天才到达。

为什么"信使"号探测器需要这么长时间？因为科学家们希望"信使"号进入水星轨道，而不是穿越水星轨道，因而需要以比较慢的速度飞行，这样才能进入轨道。"信使"号经过漫长的飞行，最终于2011年3月被水星捕获，成为绕水星飞行的人造卫星。

航天探测器	发射时间	到达水星时间	花费时间	到达方式
"水手"10号	1973.11.3	1974.3.29	147天	飞越
"信使"号	2004.8.3	2011.3.18	6年7个月	入轨

2　离得这么近，竟然最难看见

虽然水星离地球很近，但是人们发现水星却相当不容易。水星通常都在太阳附近，往往把自己裹在夕阳的余晖中，或者藏在日出的光芒中，让人们用肉眼无法观测到颇为神秘的光亮。更有迷惑性的是，在天空晴朗时分，人们会在日落的西方的低空或日出的东方的低空看见一颗星星，这颗星星可能是水星，也可能是金星。区别仅仅是：水星一般为中等亮度，金星则更亮一些。问题是，人们凭肉眼很难确定这颗美丽的星星到底有多亮。

肉眼难以分辨，就用望远镜来观测，这总可以了吧！其实，用望远镜观察水星也颇为不易。水星靠近地球时位于西方，远离地球时位于东方。当水星与地球位于太阳相反的两侧时，便无法看到。如果在连续的一段时间内观察，你可以看到水星经历不同方位时，一天复一天地改变自己的形状。这又增加了观察水星的难度。

那么，水星为什么如此难以观察呢？主要有两个原因。

图2-3　天上同时出现的水星（图中天空下面）和金星（图中天空上面）

第一个原因是北半球不适合观测水星，因为每当水星处于其远日点时，水星的赤纬总是低于太阳赤纬。对北半球的观察者而言，水星几乎与太阳同升同落。反之，水星到了近日点时，北半球观测者看到的水星虽然比太阳赤纬高，但近日点毕竟才18度的距角，所以水星还是难以观测。这种情况需要再过几千年水星近日点进动90度后才能得到改观。几千年对于茫茫宇宙来说，不过是弹指一瞬间；而对于生命只有短短几十年的人类来说，就是一个漫长得无法等待的岁月。

第二个原因是地理纬度越高，内行星越难观察。纬度高的地区，太阳的晨昏时间很长，即日出前或者日落后很久，天空依然明亮，不利于观测水星。

地球和水星各自在自己的轨道上绕太阳公转，当水星运行到太阳与地球之间，并且三者基本上位于一条直线时，就会出现水星凌日现象。当发生水星凌日时，我们在太阳的圆面上会看到一个小黑点穿过。其道理与日食类似，但不同的是水星比月球离地球远，水星挡住太阳的面积也特别小，不足以使太阳光线强度减弱，所以，用肉眼是很难观察到的。事实上水星凌日，也好比一只小鸟恰巧从日轮前飞过。每100年时间里，水星凌日现象会发生13次或14次。

水星是一个大铁球，表面有一层很薄的矿物质，这是一层壳。在这层壳的下面是一层不太厚的岩石层，称作幔。可能水星的幔温度非常高，以至于熔化了部分岩石。在幔下面，也即水星的中心，是一个巨大的铁核。

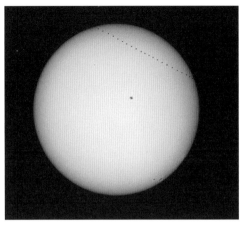

图2-4　2003年5月7日水星凌日期间拍摄的照片（太阳上的一系列小圆黑点是水星在不同时刻遮挡所致，太阳黑子位于太阳中央）

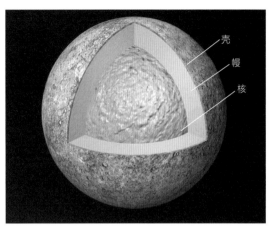

图2-5　水星的结构

水星的基本参数

赤道直径	4879千米	自转周期	58.65地球日
质量（地球=1）	0.055	公转周期	87.97地球日
赤道重力（地球=1）	0.38	最低温度	-180摄氏度
到太阳的距离（地球=1）	0.38	最高温度	430摄氏度

水星与地球参数对比

图2-6　地球和水星的比较

图中，深蓝色是固体金属核，中间棒代表磁场的强度，显然地球的固体核心所占体积比没有水星大。水星的质量远小于地球，但水星的密度只略低于地球。水星没有地球重，所以水星的引力大约只有地球的三分之一。假如你在地球上称体重是100千克，那么你在水星上就只有38千克左右。

3 一日等于两年，这可能吗？

我们的常识是一日等于 24 小时，一年等于 365 日，所谓度日如年都是夸张或比喻的说法。然而，天下之大，无奇不有，何况宇宙？

在地球上，地球自转一圈的时间定义为一日，地球绕太阳公转一圈的时间定义为一年。从直观上说，一日就是一个白天加一个黑夜。对于地球上的某个地点来说，由于地球在自转，当其朝向太阳时，就是白天，背向太阳时就是黑夜。地球自转是产生白天黑夜交替的根本原因。同样，从直观上说，一年就是一个春夏秋冬。地球绕太阳公转时，由于太阳光入射的角度不同，就会产生不同的温度，从而形成四季的变化。中国位于北半球，当太阳光直射到北回归线时，北半球接收到的阳光最为充足，气温较高，便是夏季；太阳光直射赤道时，便是秋季或者春季；太阳光直射到南回归线时，北半球接收到的阳光最弱，气温较低，便是冬季。因此，地球绕太阳公转是产生四季变化的根本原因。

我们把对日和年的定义用到水星上，这时，就会产生与地球上完全不同的结果。经过多年的观测，人们发现水星绕自转轴旋转得非常缓慢，但是它环绕太阳旋转的速度却非常快。这导致的直接结果就是天比年长，水星的一日便是两年！如果我们生活在水星上，"度日如年"便得改为"度年如日"了。

为什么水星的公转那么快呢？因为水星离太阳最近，受到的太阳引力很大，太阳的引力使水星成为绕太阳旋转最快的行星。水星绕太阳旋转的速度是 48 千米每秒，而地球绕太阳的转速只有 30 千米每秒。水星公转一周是 87.98 个地球日，而水星自转一周是 58.65 个地球日。

图 2-7 "信使"号拍摄的五彩缤纷的水星（不同颜色表示不同区域的化学、矿物和物理性质）

如此说来，虽然水星自转比较慢，而且自转一周还是比公转一周的时间短啊，怎么会是一日等于两年呢？且慢，我们刚才说了，一日是一个白天加一个黑夜，那么在水星上的某个点上，从一个日出到另一个日出才能算作一日。水星虽然每 58.65 个地球日自转一周，然而自转一周时它只走过绕太阳的轨道的三分之二。因此，如果你在水星上的某一点，从日出到另一个日出需要水星自转三圈，大约是 176 个地球日，恰好等于水星公转的周期的 2 倍。也就是说，一日等于两年喽！

图 2-8　水星表面最大的陨石坑叫作卡路里盆地，其覆盖区域超过水星直径的四分之一。卡路里盆地大约有 1300 千米宽，比地球上最大的坑还要宽。右图是"信使"号于 2008 年 1 月 14 日飞越卡路里盆地上空拍摄的照片

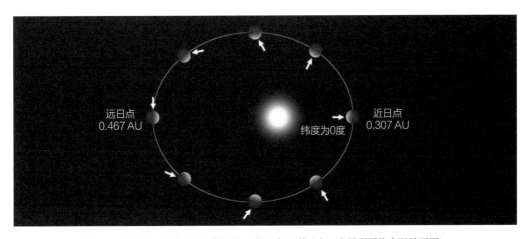

图 2-9　水星的一天等于水星的两年（从日出再到日出，水星要围绕太阳转两圈）

水星上会有生命吗？

自古以来，人类就在思考地球之外是否有生命。离地球最近的行星就成为首选的"科幻"对象。面对水星，人们当然会想到水星上是否存在生命。

在太阳系的八大行星中，水星拥有很多的"之最"记录。水星由石质和铁质构成，没有卫星围绕着它运行；水星是距离太阳最近的一个类地行星，经常会被猛烈的太阳风淹没，是太阳系中最难被观察到的行星；水星还是太阳系中公转速度最快的行星；水星是太阳系中密度非常大的行星，仅次于密度最大的地球；自从冥王星被"降级"

之后，水星成为太阳系中体积最小的行星。但是，这一切都不是生命存在的条件。那么，水星有大气吗？"水手"10号探测器发现水星像月球一样，仅仅有一层非常稀薄的大气层。该大气层是由氧气（42%）、钠气（29%）、氦气（6%）、氢气（22%）和钾蒸气（0.5%）等组成。该大气层中虽然有氧气，但不足以让动物呼吸。在水星上空，时不时地会形成较厚的空气团，但很快就消失了。

一些科学家认为，在几十亿年前，水星曾有过一个较浓密的大气层。水星大气层变稀薄的一个原因，可能是水星太小。因为太小，水星的引力很弱，所以水星的引力可能不够大而无法维持它早期的大气层，使大气层中的化学物质分散到太空中去。水星大气层变稀薄的另一个原因可能是水星表面温度太高，它不可能像它的两个近邻——金星和地球那样保留一层浓密大气。

水星上有水吗？1991年8月，当水星运行至离太阳最近点，美国天文学家用巨型天文望远镜对水星进行观测，得出了一个破天荒的结论——水星表面的阴影处，存在着以冰山形式出现的水。2011年，美国"信使"号探测器意外发现了水星存在巨大悬崖。"信使"号探测器发回的图像标明了水星背阴处的火山坑里"明亮沉积物"的具体位置，证实了水星存在冰的猜测。

但是，有些科学家认为，在水星南北极的环形山附近，很可能是适合人类移民的地方，因为那里的温度常年恒定（大约-200摄氏度）。这是因为水星微弱的轴倾斜以及基本没有大气，所以有日光照射的部分的热量很难被传播至此，甚至水星两极较为浅的环形山底部也总是黑暗的。如果在水星南北极的环形山附近建筑人类移民基地，人类的建设活动将使那里升温，并达到一个舒适的温度。当然，这只是猜想。

但是，水星上的气候却因它极端的温度而知名。水星既炎热又寒冷，因为水星距离太阳太近，到达水星的太阳光线的强度是到达地球的七倍。这使白天（水星一部分面向太阳的时间）非常热，水星面向太阳的那部分的温度能够达到430摄氏度；然而，水星的晚上却非常冷，温度能够降到-180摄氏度。晚上变得如此冷的原因是大气层太稀薄，无法留住白天吸收的热量，当太阳落山时热量就发散到太空中去了。

水星也是极其干燥的，没有雨或雪。水星的天空中从来没有过云。天空通常很晴朗，并像地球的夜晚一样漆黑。水星表面的岩石吸收了大量的阳光，反射率只有8%，所以水星是太阳系中最暗的行星之一。因此，无论是白天还是夜晚，水星的天空都是漆黑的，在水星漆黑的天空中可以看到明亮的金星和地球。

在这么严酷的环境下，水星大概是不可能有生命的。

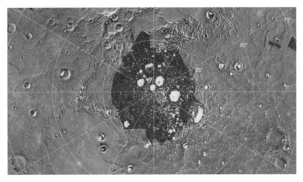

图2-10 水星的北极（照片中的细微颜色差异是揭示水星的重要信息）

图2-11 "信使"号探测器飞越水星时拍摄的图像证明水星表面存在冰

4 怎样观察水星？

中国古代称水星为"辰星"或"昏星"。人类对水星的最早观测记录是在公元前三千多年。希腊人为水星起了两个古老的名字：当它出现在早晨时叫"阿波罗"，当它出现在傍晚叫"赫耳墨斯"。虽然希腊人用两个名字命名水星，但希腊天文学家已经知道了这两个名字表示的是同一颗星星。

实际上，在地球上观察水星非常困难。因为水星接近太阳，在地球可以观察它的唯一时间是在日出或日落时，最佳观察时间是在日出前约50分钟，或日落后50分钟，并且需要朝太阳的方向看。

另外，中国在北半球，只需选对日期，并且在天气良好的情况下，才容易观察到水星。在一年中，观察水星的适宜月份是3月和4月，或9月和10月，即春分和秋分前后，因为春分和秋分时黄道赤纬变化最大。水星相当明亮，在黎明和黄昏淡蓝色的低空中发出不闪烁的黄色光芒。

若用望远镜看水星，则可以选择水星在其轨道上处于太阳一侧或另一侧离太阳最远（大距）时，并在日出前或日落后搜寻到它。天文历书会告诉你，这个所谓的"大距"究竟是在太阳的西边（右边）还是东边（左边）。若是在西边，则可以在清晨观察；若是在东边，则可以在黄昏观察。知道了日期，又知道了在太阳的哪一侧观察，还应该尽可能挑一个地平线没有被物体阻隔的地点。观察水星要在离太阳升起或落下处大约10厘米的位置，会看到一个小小的发出黄色光的星星。

金星

在晴朗的夜晚观察星空，你会发现一颗淡黄色的天体，那就是金星。在天文学家眼里，金星是一颗迷人的天体。

金星有时被称为"地球的双胞……金星的直径是12104千米，比地球……径小652千米，金星的体积稍小。

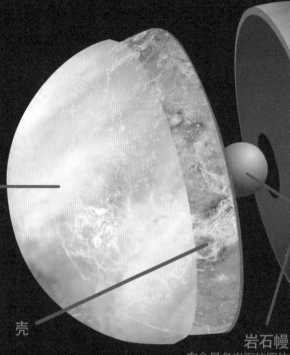

大气层
由二氧化碳、硫酸、氮气和其他微量气体组成。

壳

岩石幔
在金星多岩石的固体壳下面，可能是一些多岩石的熔融(融化)地幔。

金星核
目前，没有人知道金星……是否是固体核。与地球不同……的弱磁场不是由地核产生的……

金星探索历程

罗马人以爱神为金星命名，它那明亮的、宝石般的外表，吸引了天文学家们从远古时代就开始了对它不断的探索。

公元前1600年 国王阿米撒杜卡的金星泥板文书

巴比伦国王阿米撒杜卡的金星泥板文书是最早记录天文的文书之一，用楔形文字记录金星长达21年。

公元前906年 玛雅观测台

玛雅观测台，坐落于墨西哥境内的玛雅古城奇琴伊察，是为观测金星建造的。

16世纪 德雷斯顿抄本

1519年，西班牙侵略……现的德雷斯顿抄本被认为是……美洲最古老的书籍，它用图……录了金星在天空中出现的情……

2005年 "金星快车"

欧空局发射的"金星快车"传回了金星南极地区的图片，科学家对数据进行分析，确认金星南极上空大气中存在着奇怪的双旋涡。

1990年 "麦哲伦"

NASA发射的"麦哲……星探测器进入金星轨道……阻力减速，用雷达对金星……貌进行了测绘。完成探测……于1994年坠入金星大气层……

金星体积
(地球=1)
0.856

金星质量
(地球=1)
0.82

金星表面温度

金星是太阳系中最热的行星，平均表面温度为470摄氏度。

金星上的大风

金星云端的风速通常高于320千米每小时，相当于地球上强台风的速度。

金星上的闪电

2007年，"金星快车"的图像和数据证实，经常有闪电发生在金星上，而且这种现象比在地球上更为普遍。

金星的自旋方向和速度

金星是从东向西顺时针旋转的行星。金星在它的轴上旋转得很慢，自转一圈需要243个地球日，所以金星上的一天比它的一年还长。

金星地貌

在金星表面上，65%是平坦的，其余35%由6个山区组成。

金星的引力

金星上的引力也略小于地球上的重力。在地球上体重100公斤的人，在金星上称重约82公斤。

刂略和金星的相位变化

刂略通过望远镜观察发现了金星的相位变发现验证了哥白尼的星绕着太阳转，而不球转。

1639年 金星凌日

英国天文学家杰雷米亚·霍罗克斯和威廉·克拉布特里最先观察到了金星凌日现象。

1761年 金星大气

俄国天文学家米哈伊尔·罗蒙诺索夫观察金星凌日现象时发现了金星周围的一个突起，他认为这个突起证明金星有大气，大气折射太阳光，形成了这个突起。

19世纪20年代 二氧化碳成分的确定

光谱法让天文学家们能够了解到天体的物质组成。19世纪20年代，天文学家们通过光谱法发现金星的云层大气含有二氧化碳。

1962年 "水手2号"探测器

NASA的"水手"2号探测器第一次成功飞星，从发射到飞越金星用了110天。

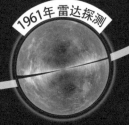

1961年 雷达探测

1961年，加利福尼亚州的金石射电远镜和波多黎各的阿雷西博望远镜第一次为人类展示了金星的表面。

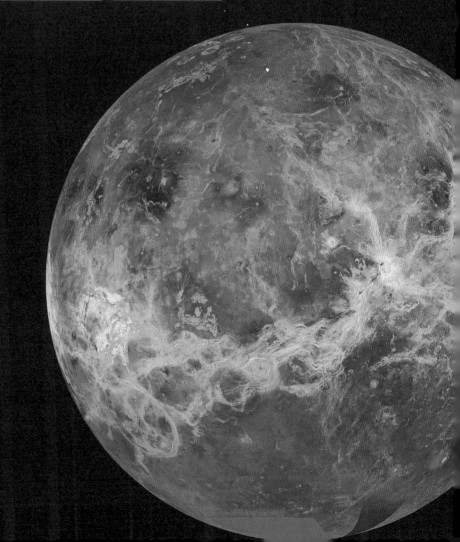

第三章
从地球
到金星

在晴朗夜晚，站在郊外抬头仰望，你会发现金星是比任何其他行星更亮的行星。再仔细观测，你还会发现金星是一颗淡黄色的天体。在天文学家眼里，金星是一颗迷人的天体，所以激发人类派去了一颗又一颗的航天探测器。

1　跟着探测器飞向金星

人类关于金星的知识主要来自美国和苏联等国向金星发射的航天探测器。迄今为止，发往金星或路过金星的各种探测器已经超过 40 颗，人类通过这些探测器获得了大量的有关金星的科学资料。苏联在 1960 年到 1980 年期间发射的十余颗"金星"号探测器，围绕金星飞行或着陆金星。着陆的探测器不仅拍摄了金星地表的照片，还对金星进行了一些其他方面的观察。其中，有几颗探测器着陆金星后，在金星高温和高压的环境下，坚持工作长达 100 多分钟。

1978 年，美国"金星先驱者" 1 号和"金星先驱者" 2 号探测器到达了金星。"金星先驱者" 1 号探测器围绕金星飞行了 14 年，绘制了金星地表，研究了金星大气层。"金星先驱者" 2 号向大气层中投放了测量温度和风速的仪器。1990 年，美国"麦哲伦"号探测器拍摄了大量关于金星表面详细的照片。

从 1961 年到 1983 年，苏联一共发射了 16 颗金星探测器。但"金星" 1 号、2 号及 3 号，都没有成功返回信号，所以第一颗探测到金星奥秘的探测器是 1967 年发射的"金星" 4 号探测器，它是第一颗直接命中金星的探测器，并首次向地面发回数据的金星探测器。

"金星" 4 号飞达金星轨道，向金星释放一个登陆舱，在穿过金星大气层的 94 分钟内，发回了金星大气温度、压力和组成成分的测量数据。

图3-1　美国"麦哲伦"号金星探测器

图3-2　苏联的"金星" 4 号探测器

2005 年，欧空局发射了"金星快车"探测器，2006 年，"金星快车"完成减速过程，顺利进入环绕金星的椭圆轨道。"金星快车"传回了金星南极地区的图片，并在距离金星20 万千米的环绕金星的椭圆轨道上对金星拍照。科学家们对"金星快车"发回的数据进行分析后，确认金星南极上空大气中存在着奇怪的双旋涡。

2010年，日本发射了"晓"号金星探测器，它携带多种波长观测仪器，计划在金星轨道上对金星进行为期两年的观测，探测金星大气的谜团，同时还将探索金星是如何成为一个灼热星球的奥秘，这也是未来人类探索金星的目的之一。但"晓"号因为故障未能按时进入预定轨道，在经历5年的深空"流浪"后，于2015年12月终于成功进入了金星轨道。

图3-3 欧空局的"金星快车"探测器

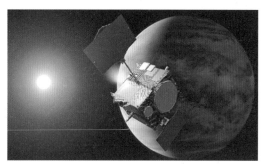

图3-4 日本的"晓"号金星探测器

从地球到金星需要多长时间

人类第一颗金星探测器是苏联于1961年2月12日发射的 "金星"1号。但不幸的是，1961年2月17日地面人员与探测器失去了联系，所以他们没有机会引导探测器进入金星轨道。这颗探测器于1961年5月19日经过金星时，距金星的最近距离为10万千米。"金星"1号探测器从地球到金星总共用了97天，即3个多月时间。

第一次成功飞越金星的探测器是美国NASA的"水手"2号。"水手"2号探测器于1962年8月27日发射，并且于12月14日成功飞越金星。所以"水手"2号探测器从发射到飞越金星所用的时间是110天。

21世纪初，飞往金星的探测器是欧空局的"金星快车"，它于2005年11月

9日发射，共花了153天到达金星。因为金星距离地球比较近，一般需要几个月时间就可以到达，所以目前航天工程师开始关注金星旅游的项目。

为什么到金星花费的时间差别这么大？这主要归结于发射速度和运行轨道。地球和金星都绕着太阳公转。你不能仅让探测器直接指向金星就可以给火箭点火，必须使探测器经过一个能在绕地球轨道和绕金星轨道之间的转移轨道上追赶金星，才是比较理想的飞往金星的旅行。

为了节约发射成本，一般利用小型的、不昂贵的火箭实现飞往金星的梦想，这就需要以牺牲旅途时间为代价，折中设计一条旅行轨道。

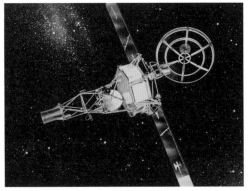

图3-5 "金星"1号探测器（左）和"水手"2号探测器（右）

图3-6 金星快车

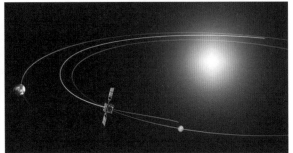

图3-7 从地球轨道到金星轨道的转移

航天探测器	发射时间	到达金星时间	花费时间	到达方式
"水手"5号	1967.6.14	1967.10.19	127天	飞越
"水手"10号	1973.11.3	1974.3.29	146天	飞越
"金星先驱者"1号	1978.5.20	1978.12.4	198天	子飞行器软着陆
"麦哲伦"号	1989.5.4	1990.8.10	463天	入轨

2 火山最多的行星

　　金星，在刚刚日落之后的西方低空中或在黎明之前的东方低空中可以看到这颗非常明亮的星星。当金星接近地球时，它位于天空的西方；当远离地球时，它位于天空的东方。当太阳位于金星和地球之间时，人们则无法看到它。

　　金星就像地球的卫星，也经历一天天的相位变化，但由于金星表面覆盖着厚厚的淡黄

图3-8　2004年金星凌日期间的相变

色的旋转云，所以人们在地球上看不到金星表面，即使利用望远镜也看不到金星表面。直到美国和苏联的金星探测器着陆到金星表面，才拍摄到金星表面的照片，才了解金星表面的面貌。但是，如果你用一台望远镜观察金星，则能够看到金星形状一天一天的改变，就像月球那样。你可以将观察结果进行记录，画出金星相位变化的草图。

金星是太阳系的第二颗行星。金星的轨道位于地球与水星的轨道之间。与火星轨道比较，金星轨道更靠近地球轨道。

金星是环绕太阳运转的内行星，大约每19个月，金星会接近地球一次。最近时，金星距离地球大约0.38亿千米；最远时，距离地球大约2.6亿千米。

平均而言，金星轨道距离太阳大约1.08亿千米，比地球距离太阳近了0.42亿千米，比水星距离太阳远了0.5亿千米。

金星是一颗多岩石的行星，所以你可以在金星表面站立。科学家们认为金星内部很可能就像地球的内部一样。在金星多岩石的固体壳下面，可能是一些多岩石的熔融（融化）地幔。在地幔之下，很有可能是由铁组成的核心。这铁核心可能是部分熔融，或完全是固体。一些科学家则认为，金星有熔融铁的外核和固态铁的内核。

图3-9　金星在太阳系中的位置

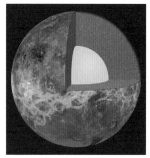

图3-10　金星的组成

金星上也有高山和深坑，而且还带有地球上无法见到的一些不寻常的特征。在这些奇怪的特征中，有的像日冕，有的像王冠。其中，比较大的环状结构直径约为580千米。在金星上，镶嵌物是指被提高的地区，并且沿不同方向形成了许多山脊和山谷。金星地表的日冕和镶嵌物也是对金星的历史见证。

金星是太阳系中拥有火山数量最多的行星。目前，人类已探测到的金星上大型火山有

1600多处。此外，还有无数的小火山，估计总数超过100万，至少85%的金星表面被火山岩覆盖。这些岩浆主要来自50多亿年前爆发的火山，掩盖了很多原来的陨石坑。这就是金星表面的陨石坑比水星或月球表面的陨石坑要少的一个原因。

一些科学家认为金星上有的火山偶尔会变得活跃。NASA航天探测器已经在金星地表发现疑似活火山口的"热点"，还在大气层中发现了由火山喷出的某种气体。金星表面没有水。但是，1989年"麦哲伦"号探测器却发现了金星表面有一条漫长而曲折的硬化了的熔岩"河"。

图3-11　金星表面的火山（左）和熔岩"河"（右）

金星上气候炎热，甚至比水星还要炎热。这是由于金星厚厚的大气层圈住了它表面的热量，不让其散发出去，就像是地球上的温室圈住热量给植物加热。在金星上，通常一天的平均温度能够达到470摄氏度。

金星云端的风速通常高于320千米每小时，相当于地球上强台风的速度。但金星表面的风却相当于一个人慢慢行走的速度。

金星的大气层主要是由二氧化碳的气体构成，还包含着少量的氮气、氩气和其他物质。金星大气层与地球的大气层不同，金星的大气层很厚并且浓云密布，其表面的大气压力等于地球表面900米深水处的压力。

在金星大气层中至少包含三层厚厚的云层在流动，这些云层是由含硫酸的小滴组成，这种硫酸可以用于汽车电池，其酸性很强，可以用来溶解金属。如果人们接触到这种硫酸，会被灼伤皮肤，如果吸进肺里会损害肺部健康。一些科学家认为金星云层的硫酸来源于金星火山喷发出来的化学物质。

图说星球：
探索宇宙和星球起源的奥秘

图3-12 金星的气候云图

图3-13 "金星"号探测器用紫外波段相机拍摄的金星云层

金星的基本参数

赤道直径	12104千米	自转周期	243地球日
质量（地球=1）	0.82	公转周期	224.7地球日
赤道重力（地球=1）	0.9	平均表面温度	470摄氏度
到太阳的距离（地球=1）	0.72	自转轴的倾斜角度	2.6度

金星与地球参数对比

金星有时被称为"地球的双胞胎"，因为它们的大小差不多。金星赤道的直径是12104千米，比地球赤道直径小652千米。

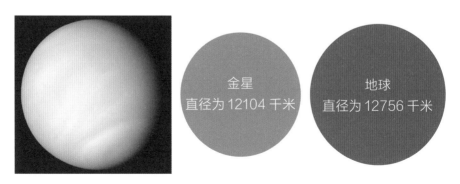

图3-14 金星（"水手"10号拍的照片）与地球的比较

3 为什么没有磁场？有待探测

由于许多原因，金星有时被称为"地球的孪生兄弟"。像地球一样，它是由硅酸盐矿物和金属组成的，它们在结构组成上没有太大的区别。但涉及它们各自的大气层和磁场时，两颗行星却截然不同。

天文学家们一直在努力探究为什么地球有磁场，而金星则没有。地球外核液态金属的流动导致地球被磁场包围，在太空中磁场就像一个巨大的条形磁铁。金星也有一个流动的金属外核，所以它似乎也应该有一个磁场。但是，科学家们不知道为什么金星探测器在金星周围没有发现磁场。所以很多科学家认为，金星核心一定存在一些不同于地球核心的物质。

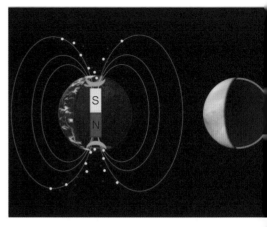

图3-15 由于存在磁场，地球的极光（图左绿色所示）主要在两极。在金星上，由于缺乏磁场，带电粒子可能沉积在整个星球，在各个纬度都有可能产生极光（图右绿色所示）

天文学家们认为，金星是地球的过去，火星是地球的未来。所以，探测金星与探测火星具有同样重要的意义。另外，不少科学家认为，金星的云层里可能存在着生命。目前，世界各个航天大国正在制定新的金星探测计划。在一些科学家看来，探索金星的梦幻任务应该采用天地一体化系统，这个系统应该包括地面机器人、行星飞机和轨道载人飞船。

大量研究表明，金星大气层适合飞机飞行，所以可以用飞机直接探测金星。不过，由于金星云端的风速达到320千米每小时，所以金星探测飞机必须克服金星上剧烈的风和腐蚀性大气层的影响，飞机的速度必须维持在风速或超过风速。

为了准确了解金星地表相关情况，仍然需要一颗着陆器。着陆器能够分析大气、岩石和表面物质的化学成分并通过地震仪的数据来帮助判定金星的内部结构。美国和欧洲等国家和地区都正在制定新的金星探测计划。俄罗斯计划的"金星-D"探测器将于2029年发射。

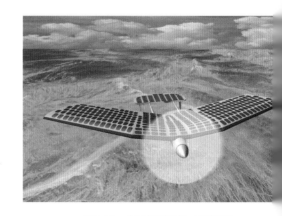

图3-16 金星探测飞机（假想图）

图3-17 俄罗斯"金星-D"探测器示意图

金星比火星更接近地球，所以金星更适合载人航天的探索。NASA计划在金星上建立永久太空城。这不是玩笑。事实上，金星具有空间环境辐射小、太阳光照条件好，是外层空间中与地球环境最接近的星球，而且这些条件很适合建立一座由充满氦气的、靠太阳能为动力的飞艇组成的城市，飘浮在金星灼热表面以上48千米，它是宇航员的家园。在这里，可以忘掉火星极其寒冷的气温和超薄的大气层，像"神仙"一样飘浮在厚厚的金星云层上。

古希腊人认为有两颗金星

在古希腊，金星有两个不同的名字。最初，人们发现在每年的特定时间段，金星就会出现，并认为早晨出现的金星和晚上出现的金星是两个不同的天体。大约2500年前，古希腊数学家毕达哥拉斯才指出这两颗金星是同一个天体，他的这种观点来自巴比伦人。

为什么古希腊人会认为有两颗金星呢？因为当时地心说占有主导地位，按照地心说理论，有时就会发现一颗行星在运行中似乎改变了运动方向，又走回头路了。为了回答这些疑惑，古希腊天文学家托勒密解释行星围绕地球旋转的同时，还要围绕自己的小圆轨道运转，这也是托勒密的地心说模型。托勒密地心说模型是在仔细观察天体运动规律基础上得出来的模型，所以当时可以解释许多天体运动的现象，因此天文领域在相当长的一段时间内一直使用这个模型。

公元17世纪，伽利略通过望远镜观测太空，不仅观测到了月球表面、金星、木星和木星卫星，还观测到了不是两颗，而是一颗金星围绕太阳转，并确认了哥白尼的日心说是正确的。

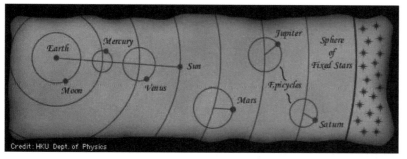

图3-18　托勒密地心说和哥白尼日心说

金星上能否有生命？

　　1875年，英国天文学家理查德·普罗克托（Richard A Proctor）认为宇宙中极可能处处都有生命。他称金星和地球尺寸极为相似，在金星厚厚的云层下极有可能隐藏着先进的文明。

　　进入航天时代之前，人们认为金星是一个温暖湿润的天堂之地，像地球上一些热带地区一样。人们想象着有奇怪的生物在丛林中奔跑、在海洋中游动，甚至认为金星是繁衍"小绿人"的地方。

　　目前，科学家们认为，金星是一颗干旱高温的星球，其上空具有强烈腐蚀作用的几十千米厚的浓硫酸雾，所以无法支持任何生命存在。可以想象，金星表面温度高达470摄氏度，足以把生命烤成焦炭；金星表面大气压约是地球大气压的100倍，足以把生命压扁；金星上二氧化碳是地球上的一万倍，足以把生命闷死。

图3-19　英国天文学家理查德·普罗克托

图3-20　利用雷达拍摄的金星表面

图说星球：
探索宇宙和星球起源的奥秘

4 如何在天空中寻找金星？

金星是距离地球最近的行星，大小跟地球差不多。要如何在天空中找到这颗行星呢？其实方法很简单，或许你早就看到过金星好几次了。

金星是在地球内侧的行星，距离太阳很近，这意味着金星会位于太阳的附近。有些时候，金星运行到太阳的西侧；有些时候，金星运行到太阳的东侧（从地球的角度来说）。所以由这两个线索推断，金星应该会出现在傍晚或是黎明的时候。

所以，要观察金星，就要选择傍晚或是黎明时。当金星运行到太阳东边的时候，金星会在夕阳西下时，现在西方的天空中；而当金星运行到太阳的西侧时，金星则会早太阳一步，抢在太阳升起前出现在东方的天空中。

也许你会问，天上的星星这么多，怎么知道哪颗是金星呢？事实上要判断这颗星星是不是金星很简单，如果你在傍晚的西方，或是黎明的东方看到一颗"亮得过火的星星"，这颗星星十之八九就是金星了，因为金星距离地球很近，所以亮度也是数一数二的，光度可达 −4 等以上，仅次于太阳与月球。因此，即使在光害严重的地区，或是繁华的一线城市，只要天气良好，没有云的遮掩，金星都会明亮地出现在天空中。

另外，如果你用望远镜观察金星，可以发现一个有趣的现象，那就是金星也会像月球一样盈亏。当金星距离地球很近的时候，你会发现金星呈现细长的弧形（像弦月一样），原因是金星距离地球很近，而且又是在地球内侧的行星，所以地球才会看到金星的盈亏（或许你可以试着想想原因）。

金星是最容易找到的行星，有空时不妨试着找找看，认识一下太阳系中这位最近的邻居吧！

地球的大气层

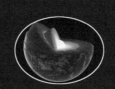

1902年，特塞伦克·波特向法国科学院宣布，他发现了一层大气，其温度与海拔高度保持一致。他把这一层大气称为平流层。

1902年，医生理查德·阿斯曼探索德国上空的大气层时，特赛论克·波特也正在探索法国上空的大气层。他们都使用了携带仪器的气球收集温度随海拔高度变化的数据，两人同时发现了同

1862年，气球驾驶员考克斯威尔和科学家格莱舍携带各种仪器乘坐气球穿过云层，进入了头顶明亮的阳光中，他们飞得比任何人都高，差点丧命。

1787年，霍勒斯·索绪尔登上阿尔卑斯山最高峰，证明了大气温度随着大气高度的增加而下降的规律。

1648年，帕斯卡和佩里耶登上了海拔1464米的圆顶山，用水银柱测量出了大气压力随海拔高度变化的规律。

其他气体占0.1%
氩气占0.9%

氧气占21%

氮气占78%

生命的呼吸

许多星球都有大气层，但是只有地球的大气层包含了可以维持人类生命的空气。

大气层里的气体成分来自哪里?

40亿年前，火山爆发喷射出来的气体改变了大气成分，水蒸气、二氧化碳和氮气进入了地球的大气层。之后，水蒸气上升形成了云，其中少量氧气也随之进入了大气层。

卫星

998千米高度

散逸层

航天飞机

160千米高度

热层

地球被包裹在一个气体层中，这个气体层叫作大气层。大气层就像一个温房，允许太阳的热穿过并且吸收它的热量。在晚上，虽然太阳光线被阻挡，但它也保持了地球的温度。

121千米高度

中间层顶

80千米高度

中间层

夜光云

在夏季的夜晚，在地球高纬度地区可以用肉眼直接观察到这些被日光照射的发光云（也称夜光云）。

保护罩

当流星高速穿过大气层时，与大气摩擦产生大量的热，导致流星被完全烧蚀，所以大气层也扮演着保护地球生命的角色。

流星

40千米高度

平流层

气候系统

地球周围的大气循环，导致热量和水蒸气分离，形成了通常的气象模式。这些气象模式包括刮风、下雨和允许动植物生长和生存的温度。

无线电探空仪

这种微型天气站是用来测量大气压力、温度和湿度的。

臭氧层可以过滤掉来自太空中对人体有害的射线

臭氧层

商用飞机

珠穆朗玛峰

热气球

对流层

第四章
纵观我们的地球

在太阳系的八大行星中，地球是一个活跃的行星。虽然我们对地球并不陌生，但对大部分人来说，几乎还是一知半解，甚至科学家们也并没有真正了解地球。

从 11700 年前开始，地球进入"人类纪"时期。"人类纪"是科学家们提出的一个新的地质时期。人类纪被定义为人类对地球的影响，即人类已经成为影响全球地形和地球进化的重要力量，包括空气污染、气候变化、人口增长、大范围雨林损失等。

人类对地球带来的影响已成为不争的事实，并且自第二次世界大战以来，这种影响速度还在加剧。

图4-1　人类对地球的影响

1　地球的形状和地球的表面状况

　　大约在公元前 3000 年到公元前 500 年期间，人们普遍认为，大地像一个盘子，是平的，而且是由海洋包围着的平平的圆盘，这就是"地平说"，早期地图可以解释这一概念。直到公元前 300 年，古希腊哲学家亚里士多德（Aristotle）宣布大地是球形的，并且提出理论解释了"地圆说"。他认为如果大地是平的，人们向南旅行，走了很远很远，也能看到北极星，但事实却看不见，由此解释了"地圆说"。

图4-2　公元前600年的古巴比伦地图（左）和公元前54□古希腊阿那克西曼德绘制的地图（右）

　　大约公元前 610 年到公元前 546 年期间，古希腊哲学家阿那克西曼德（Anaximandder）根据自己对地球的理解描绘出了全球地图，认为天体环绕北极星运转。他将天空绘成一个完整球体，而不是仅仅在大地上方的一个半球拱形。自此之后，地球的概念才进入了天文学领域，所以很多资料认为阿那克西曼德是天文学的奠基人。

　　15 世纪后，对应地球表面的地形问题，一直是科学家们争论的焦点。当时出现了两种有代表性的学说：灾变说和均变说。灾变说认为地表形状是一次又一次自然灾害所致，而均变说则认为地表形状是在自然力的作用下经历了一个漫长的连续变化的时间形成的。

　　1785 年，苏格兰科学家詹姆斯·赫顿在他的《地球论》著作中指出了地表形状均变的思想，他认为地表形状是由自身的运动力作用而渐渐形成的，依据多年从事河流研究工作观察到的地质现象推断，河谷的形成是河流多年来冲刷所致，而平原则是河流带来的泥沙沉积的结果，这些沉积物的硬化就形成岩石，地面上的这些变化过程永无止境。

图4-3　科学家詹姆斯·赫顿

今天的地球表面和 46 亿年前的地球表面是不同的。46 亿年前，地球表面没有大气、没有海洋、没有河流、没有高山，也没有生命。今天，地球的外壳是由几个巨大的板块组成的。1912 年，魏格纳在不经意间发现了美洲大陆和非洲大陆的轮廓如此之契，之后他通过反复的实地考察和研究，提出了大陆漂移学说。根据魏格纳的推测，在 10 亿～ 13 亿年前，地球上只有

一个大陆，即地球是一个超级大陆，经过几亿年的慢慢运动，才形成了今天我们看到的地球板块。而大约 4 亿年前，非洲还在南极上。

1968 年，法国地质学家把地球的岩石层划分为六个大板块，即太平洋板块、亚欧板块、美洲板块、印度洋板块、非洲板块和南极洲板块。其中，太平洋板块全部沉没在海洋底部，另外五个板块上，既有大陆也有海洋。

图4-4　大约13亿年前地球上的超级大陆

旋转的地球

地球并不是一个正球体，因为地球自转改变了它的形状。英国物理学家牛顿曾指出，地球由于绕自转轴旋转，因而不可能是正球体，只能是一个两极压缩、赤道隆起、像橘子一样的扁球体，但当时很多人反对牛顿的观点。后来，法国国王路易十四派出两支远征队，去实测子午线的弧度，证明了牛顿的扁球观点是正确的。

在赤道上，地球的直径是 12756 千米，比从北极到南极的直径长 42.4 千米。在赤道上，地球自转的线速度是 45 米每秒，而在两极处，因为地球的周长比较小，所以自转的线速度就比较小。地球有一个自转轴，每天从西向东绕着自转轴旋转，这就是人们每天看见太阳从东升起的原因。

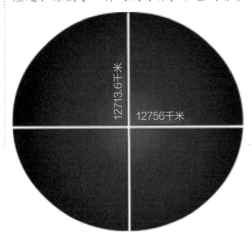

12713.6千米

12756千米

图4-5　地球的形状

2 从地核、海底到大气层

人类生活在地球上，但人类从来没有去过地球的核心部位。1906年4月18日凌晨5点12分左右，美国旧金山发生里氏7.8级大地震，死亡人数有5000～6000，经济损失达1亿美元。对美国人来说，这算是历史上的大灾难之一。与此同时，英国地质学家奥尔德姆用地震波证实地核的存在，他从这次地震记录的数据中发现，地震波的速度随深度增加到一定程度后开始降低，由此证明了地球是双层的，内部存在一个致密的液态地核。

20世纪60年代，英国海洋地质学家赫斯（Hess）提出了"海底扩张"的学说。"海底扩张"学说是在"大陆漂移"学说的基础上发展起来的地球地质活动学说。在各大洋的中央有一带状分布的海岭，这些带状海岭是下方地幔软流层的出口。不断涌出的熔岩自海岭流出，冷却成为刚性强的大洋地壳。大洋地壳不断地受到由海岭新涌出的熔岩所推挤而向两旁移动，使海面积扩大，同时大洋地壳受到推挤而分离。海底扩张的原因是海水不平衡的压力导致的板块漂移。

地球上大约3/4的表面被海洋覆盖，海水的总量巨大，对海底以及周围陆地的压力也巨大。由于受到月球的引力作用和不同区域海水温度不同等因素的影响，海水对不同板块的压力是不平衡的，使板块发生漂移，同时也产生了海洋带状岭。随着地球温室效应的加剧，地球两极冰川的融化，海水总量的增加，海水对板块漂移的作用将增大，即大陆漂移的速度将增大，由此导致的结果就是地震和火山喷发增多。

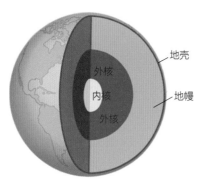

图4-6　地球的结构

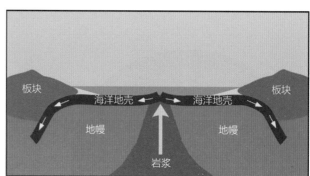

图4-7　海底扩张的过程

在1920年至1930年期间，通过高空气球飞行试验，日本、美国和欧洲等国家和地区的科学家们发现了高空急流。急流是指数条围绕地球的强而窄的高速气流带，风速在30米每秒以上的狭窄强风带，它集中在对流层顶，在中高纬度或在低纬度地区都会出现。

在气象图上观察到的急流带环绕地球自西向东弯曲延伸达几千千米，水平宽度约上千千米，垂直厚度达几千米到十几千米。根据急流的形成区域不同，急流可分为极锋急流和副热带急流等；根据急流出现的高度不同，一般可分为高空急流和低空急流。

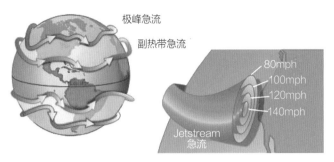

图4-8　急流带（图中"mph"是速度单位：英里每小时）

绕太阳的视运动

太阳周年视运动，实质是地球公转运动的一种反映。

地球绕太阳运行的轨道是椭圆形的，所以地球与太阳的距离不总是相等。每年的1月份，地球与太阳的距离最近，大约为1.471亿千米，也称为近日点。每年的7月份，地球与太阳的距离最远，大约为1.521亿千米，也称为远日点。

每年春分这一天，太阳正好在赤道的正上方，其白天和晚上的时间相等。夏至这一天，太阳会直射到北半球，这时正好是北半球的夏天，同时也是北半球全年白天最长的一天。

当春分过去六个月之后，为秋分，与春分一样，太阳正好在赤道的正上方，这一天的白天和晚上时间相等。再过三个月之后，为冬至，由于地球的转轴倾斜，这一天太阳光直射到南半球，这是南半球全年白天最长的一天，也是北半球白天最短的一天。冬至时南极圈没有黑夜，而北极圈则没有白天。

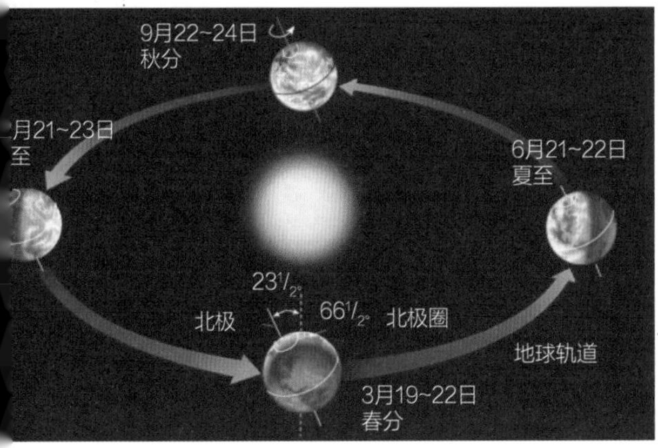

图4-9　在轨道上运动出现四个季节

3 站在地球看天空

（1）为什么日落时候太阳是红色的或橙色的？

在回答这个问题之前，先来讨论太阳在天空中的颜色。如果要问太阳是什么颜色的，人们一般都会回答白色、红色或者金黄色，却不能肯定太阳到底是什么颜色。那么，在日常生活中有没有办法观测到太阳的真实颜色呢？

在白天，人们不能直接观察太阳，但是可以利用放大镜将太阳的图像投影到纸上，观察投影图像就会发现太阳的颜色是白色。当太阳进入云层，阳光不再强烈时，人们可以直接观察，它也是白色的。

太阳光包含红外线、可见光、紫外线，阳光的本色是白色，而白色是由红、橙、黄、绿、蓝、靛、紫等不同颜色组合产生的白色视觉。由于空气有散射作用，当光线通过空气时，会有一部分偏离原来的运动方向，且光的波长越短，散射作用越大。日落时，人们观测的太阳光与地平线之间的角度为5度左右，阳光到达人们眼中需要穿过十个直射状态下的大气层，由于蓝光波长短，红光波长相对较长，所以蓝光被大量散射，太阳只能呈现红光，这就是为什么日落时太阳是红色或橙黄色。

图4-10　日落时候太阳是红色或橙黄色

（2）为什么通常日落颜色比日出颜色更丰富？

日出和日落的光线都被悬浮在大气层里的水蒸气和颗粒散射，由于夜晚温度比较低，空气中的水蒸气发生冷凝。在黎明时，空气仅含有少量的水蒸气和固体颗粒，对阳光的散射能力变弱，阳光显得纯粹，不如日落环境下阳光经过散射变得色彩斑斓。

同样的，在海边，由于白天阳光辐射使海水温度升高，空气中水蒸气增加，散射了蓝光，加强了红光；而在内陆，大气层的运动增加了空气中的固体颗粒，所以日落景象会比海边日落色彩更为丰富。

图4-11　日落时不同环境下阳光的颜色

（3）为什么日落和日出时太阳发出的光束像探照灯？

当太阳接近地平线时，有时会放射出华丽的光束，也称"朦胧射线"。这是因为光线在大气层中发生的散射，或在前进的路径上遇到了障碍物，如云、树木或高山等，在云或树木方向上形成阴影。

当空气中含有水滴或灰尘颗粒时，这些光线就特别美丽。太阳距离我们非常遥远，所以可以认为来自太阳的光线是相互平行的，但是在到达地面的过程中或多或少会产生偏差，如同延伸到天际的火车轨道，看起来会在地平线附近相交。

图4-12　日落和日出太阳发出的光束像探照灯

（4）什么是黄道光？

黄道也叫"日道"，是一年当中太阳在天球上的视路径，它看起来就像是太阳在群星之间移动的路径。黄道光是天球的表面与黄道平面的交集，也是地球环绕太阳运行的轨道平面。

黄道光是一些不断环绕太阳的尘埃微粒反射太阳的光在黄道面上形成的金字塔形的光锥，位置大致与黄道面对称并朝太阳方向增强。

观察黄道光需要一些前期准备。首先，需要在一个星光不明朗的夜晚，因为黄道光的光芒比银河系微弱得多；然后，选择月球被云层遮住的时刻，这样可以避免月光压倒黄道光；黄道在高空上比较容易被观察到，观察地点最好选在高楼顶层或者在山顶之上。冬季和春季，黄道光出现在西方天空，而秋季和夏季，黄道光出现在东方天空。

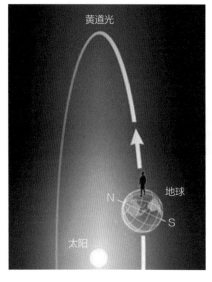
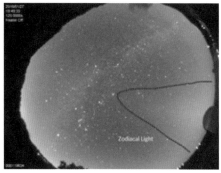

图4-13　黄道光的位置（左）和黄道光的一点微弱光亮的位置（右图中红线标出地方）

（5）什么是绿闪？

按照凡尔纳作品，绿闪是一种魔光，仅仅拥有真心并且献出爱心的人才能看见。但有些人认为绿闪是传说，还有人认为绿闪是真的，只是目前还不清楚它产生的原因，而具有冒险精神的人，则以见到绿闪为傲。

事实上，太阳绿闪是真实存在的现象。当日落时，太阳光从接近于平行地面的角度射来，由于通常海面温度较低，大气上疏下密，因而阳光呈一个向下弯曲的曲线进行折射，且波长短的光更容易被折射，因此波长短的绿光和蓝光被大气进行更强烈的偏折。那么，从观察者的角度看，太阳具有多个像：在红橙色像偏上位置处，还有一个蓝绿色的像。因此，当太阳徐徐落下后会出现这种现象。日出时也有这种现象，只不过时间点更难确定。观看太阳边缘的绿闪，对环境的要求有：海面不能有云、海水要足够平静、大气扰动小、大气密度上疏下密等。

此外，在太阳的下端，还有更为罕见的红闪。其实太阳并非真的变绿或变红，只是地球的大气层就像三棱镜一样，将阳光折射后产生出红闪或绿闪。

图4-14　太阳的绿闪

（6）为什么下午我们感觉不到很晒，而太阳光线仍然很热？

一天当中最热的时候是下午两点至三点，而不是中午十二点，这是因为近地面的大气热源主要来自地面辐射，而地面辐射热量来自太阳辐射，这期间的热量转换需要一定的时间，大约 2 个小时，所以人们感受到的最高气温是下午两点至三点，中午十二点只是太阳辐射最强的时刻而已。

地面热量来自太阳辐射，只要当地面热量收入（吸收太阳辐射）大于支出（向外散发热量），地面就会持续升温。太阳辐射是在当地时间十二点时达到最强，地面温度是在午后一点达到最高，而近地空间气温是在午后两点达到最高，中间存在着热量的传递过程，所以有一定的时差。

（7）为什么遥远星星一闪一闪的？为什么太阳系内行星不闪？

从其他星系的恒星发出的光芒，经过一个很长的距离，穿过地球的大气层才能到达我们眼中。由于大气层温度和密度不同，会使大气层上层冷空气下沉，也会使下层暖空气上升。冷空气的密度大，而暖空气的密度小，密度大的空气不断流向密度小的空气，形成动荡、涡流和风。当光穿过大气层时，温度和密度不断改变的空气层会使光线发生多次折射，恒星发出的光传到我们眼中就会变得忽前忽后、忽左忽右、忽明忽暗，总在不断地变化，这就是星星闪烁的原因。

而观察太阳系内行星发出的光芒，就不会看到星光闪烁。因为太阳系内行星接近地球，光线穿过大气层时折射不多，所以太阳系内行星天体的光芒就不会出现闪烁现象。

倾斜的自转轴

太阳带给地球光和热，太阳辐射的强度决定地球表面某一范围（或区域）的温度。太阳垂直照射时，单位表面积接收的辐射量大、气温高；太阳倾斜照射时，单位表面积接收的辐射量小、气温低；没有阳光照射时，气温会持续下降。

当地球北极倾向太阳时，太阳光的直射点在北半球，北半球接收的辐射量最大，气温高，就是北半球的夏季。而在南半球，太阳是斜射地面的，单位表面积接收的辐射量最小，气温低，就是南半球的冬季。当地球的南极倾向太阳时，因为同样的原因，南北半球的季节恰好相反。

反之，假设地球自转轴不倾斜，太阳直射点固定在赤道，则地球上一年中每天的正午太阳高度都不变，每天接收的太阳辐射都一样，气温也都一样，就不会有四季的区别，每个地方就只有一季，赤道和南北纬 30 度以内的地方永远是夏季，南北纬 60 度以上的地方永远是冬季。

地球绕自转轴旋转（想象一根棍子，穿过南北两极），但自转轴不是直立的，它沿着一个角度倾斜，这个角度随时间变化。目前已知自转轴倾斜有周期性的变化，周期约为 40000 年，倾斜角度从 22.1 度到 24.5 度，目前的倾斜角度是 23.5 度。如果倾斜角度增加，则夏季变热，冬天变冷。此外，地球轨道的椭圆偏心率大约以 10 万年的周期在变化。

由于地球绕太阳公转时，地球的自转轴受到日、月引力的影响，而在空中做锥形运动，也就是物理学上所谓的进动现象。进动就是岁差。地球岁差的周期大约是 26000 年，岁差现象使自转轴在黄道打转，造成春分点平均每年后退

50 弧秒。今天太阳运行每月所在的黄道十二星座，与 3000 多年以前发明的占星术中太阳所在的星座已经不同。北极星也在逐渐移动，12000 年后，织女星将成为北极星。

与进动有关的一种运动，称为章动，它是在进动过程中，地球自转轴轻微抖动的现象。这两种运动，都是因为地球自转轴倾斜，以及地球因为自转造成的形状改变所产生的。

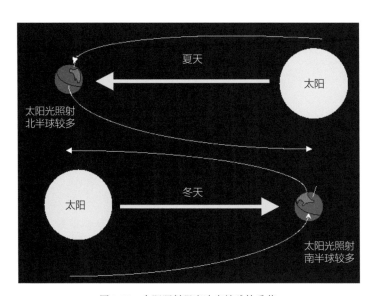

图4-15　太阳照射强度决定地球的季节

在地球上，纬度是一个角度，其范围从赤道的 0 度到南北极的 90 度。纬度相同的连线或其平行线，是一个与赤道平行的大圆。通常，纬度与经度一起使用，以确定地表上某点的精确位置。GPS 或北斗导航仪器输出的数据就是地球当前位置的经度和纬度。

在地球表面不同的纬度上，所接收到的太阳辐射能量是不同的。在地球低纬度的地区，太阳光线辐射几乎是直射的，这时太阳辐射的能量被集中在地球上的一个小区域内，所接收到的太阳能量不会被扩散很多。在地球高纬度的地区，因为这时

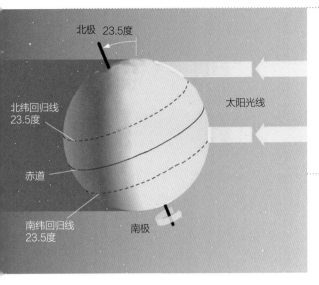

太阳射线以一定的角度照射到地球表面上，所以太阳光线就会斜射在地球上，照射面积比较大，接收到的太阳能量被扩散很多。

图4-16 太阳光线与纬度

4 地球为什么这么圆?

这是一个只有孩子们才会提出的问题，因为成人不会或不敢问！然而，这个非常有趣的问题与人类生活是密切相关的，正确的提问方式应该是："为什么地球是球状的？"

在回答这个问题之前，需要先做出一些限定。当人们在山地徒步旅行的时候，会意识到地球并不是一个表面光滑的球体，人们用自己的双腿双脚，在粗糙不平的地壳上爬上爬下。事实上，虽说地球是一个球体，但它只是一种近似的"球体"。

今天，人们可以肯定的是，航天员从太空看地球是一个球形，与其他行星一样。地球看上去是球形，因为地球表面上最"粗糙"的地方，也就是地球上最高的山脉，其高度也没有超过9000米，如珠穆朗玛峰，也不过是地球半径的千分之一。地壳有点儿像橘子皮，虽然表面粗糙，但是整体看上去还是圆圆的。

为什么地球上没有更高的山脉了呢？这是因为，如果山脉过高，地球表面将无法支撑它们的重量，山体将会崩塌。一颗行星上的山脉能够具有的最高高度，在很大程度上取决于行星表面支撑力，行星表面支撑力也与物体质量有关。例如，火星表面的重力加速度为3.7米每平方秒，而在地球上则是9.8米每平方秒，在火星上任何物体的质量都是地球的0.3804倍。这是因为火星的赤道半径只有地球赤道半径的一半，同时火星质量仅为地球质量的十分之一。这就是为什么火星的陆地能够支撑起比地球陆地山脉高得多的山脉，最高可达约 20 千米。

太阳系中，最高的山是火星上的奥林帕斯山。行星表面山脉的高度也取决于它的土壤质量。一般情况下，行星的体积越小，它们所产生的重力也就越小，行星表面的"山脉"就可能越高。相反，在太空中还存在另外一些体积较小的天体，它们太小了，直径不过几百千米，不能被称为行星。例如，一些小行星或者一些行星的卫星，以及彗星的彗核，这些天体表面的重力加速度也会非常小，这些天体表面"凸起"的高度可能会超过它们自身的直径。因此，这些天体不会以球状存在，它们看上去更像是马铃薯或者巨大的岩石，如火卫一和火卫二。

因此，地球之所以是圆的，是因为重力效应"磨平"了地球表面的粗糙部分。但实际上，地球的确不是真正的球形。首先，地球在自转，一天转一圈。自转运动引发了一种离心力，使地球在赤道附近膨胀，而在南北两极处被压缩。地球的赤道半径为 6378 千米，而两极半径却只有 6357 千米，两者之间的差异，大概在千分之三。同时，还有其他的影响因素，尤其是潮汐，不但扭曲了海洋的形状，也改变了地球整体的形状。

地球的表面积大约为 5.1 亿平方千米，这是一个有限的表面，它代表着人类被约束在这样大的范围之内。这个空间是有限的，但却没有边界。这是一个奇怪的概念，对于更好地理解并把它作为一个整体的宇宙来说，则非常有用也非常重要。这意味着，如果你一直坐飞机，笔直地朝前行进，最终将回到出发那一点，而且中间并没有遇见任何边界。于是，可以说人类生活的空间是有限的，但却没有任何边界。这里也会得出一个命题："一个没有边界的空间，并不一定是一个无限大的空间。"

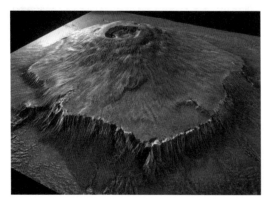

图 4-17　太阳系最高的山脉——奥林帕斯山

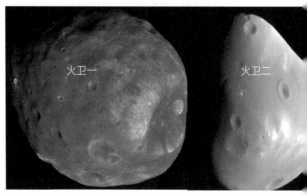

图 4-18　火卫一和火卫二

恐龙灭绝的假说

1980年，美国物理学家易斯·阿尔瓦雷茨（Luis Alvarez）发现岩层中的铱元素来自太空，而在地球上各地都有富含铱的岩石。因此，根据对铱元素含量的测量，他推测在白世纪晚期，一定有一颗直径约10千米的小行星撞向地球，当时释放出比氢弹强几百万倍的能量，地球变成一片火海，之后碎片和尘埃又遮蔽太阳，大地在数年之内变成寒冷的世界。1991年，地质学家们测出墨西哥东南部尤卡坦半岛一个160千米宽陨石坑，正好符合阿尔瓦雷茨等人的推测。因此，人们能更加清晰地勾画出小行星撞击地球而造成恐龙灭绝时的灾难情景。

人们勾画出的恐龙灭绝时的灾难情景是这样的，6500万年前，有一颗直径大约10千米的小行星猛烈与地球相撞。撞击的速度约为10万千米每小时，引起一场大爆炸，把大量的尘埃抛入大气层中，形成遮天蔽日的尘雾，使地球表面在一段时间内一片黑暗，气温骤降，植物因为没有光合作用而枯萎，甚至动物的"食物链"中断，恐龙纷纷死去。

人类历法发展历程

地球的日历

地球一年分为四个季节
图示给出的是北半球的季节

（公元前2.8万年）
出现在非洲中部的这种黑骨头，
也是最早的"阴历"。

（公元前2900年）
英国巨石圈主轴线与夏至日初升的太阳
在同一条线上，
也是最早的万年历。

（公元前300年）
肯尼亚西北部出现的天文日历石柱。

（公元前45年）
罗马皇帝尤里乌斯·恺撒颁布儒略历，
这是史上第一部严格按照地球
公转和自转规律而创造的历法。

（1079年）
波斯的天文学家和诗人
欧玛尔·海亚姆
修改了阳历，
使得每3333年出现1天的误差。

（1582年）
罗马天主教宗教格里高利十三世，
推行从"儒略历"到"格里高利历"的更替，
实现了地球日历每3300年才能多出1天的精确度。

年度周期：地球围绕太阳完整地旋转一圈所需要的时间为一年。
一年的精确时间为365.25天。因为按照历法规定的每年365天，
闰年：闰年共有366天。每4年就会多出一天，所以闰年是为了弥补历法规定
造成的年度天数与年度周期时间差而设立的。

秋季

12个月：地球上一个月对应月相轮回。一年有12次这样的月相轮回。
一个月：地球上一个月从新月到全月，然后再回到新月。

一昼夜
地球围绕其自转轴旋
需要24小时，也即一
白天和一个完整的

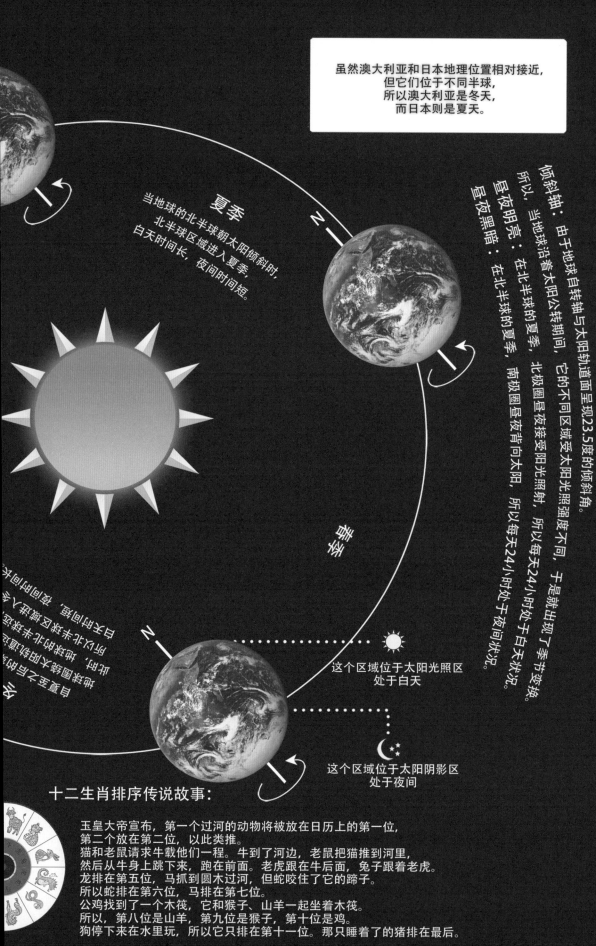

虽然澳大利亚和日本地理位置相对接近，
但它们位于不同半球，
所以澳大利亚是冬天，
而日本则是夏天。

倾斜轴：由于地球自转轴与太阳轨道面呈现23.5度的倾斜角。

它的不同区域受太阳光照强度不同，于是就出现了季节变换。

所以，当地球沿着太阳公转期间，

昼夜明亮：在北半球的夏季，北极圈昼夜接受阳光照射，所以每天24小时处于白天状况。

昼夜黑暗：在北半球的夏季，南极圈昼夜背向太阳，所以每天24小时的处于夜间状况。

夏季
当地球的北半球朝太阳倾斜时，
北半球区域进入夏季，
白天时间长，夜间时间短。

春季

这个区域位于太阳光照区
处于白天

这个区域位于太阳阴影区
处于夜间

十二生肖排序传说故事：

玉皇大帝宣布，第一个过河的动物将被放在日历上的第一位，
第二个放在第二位，以此类推。
猫和老鼠请求牛载他们一程。牛到了河边，老鼠把猫推到河里，
然后从牛身上跳下来，跑在前面。老虎跟在牛后面，兔子跟着老虎。
龙排在第五位，马抓到了圆木过河，但蛇咬住了它的蹄子。
所以蛇排在第六位，马排在第七位。
公鸡找到了一个木筏，它和猴子、山羊一起坐着木筏。
所以，第八位是山羊，第九位是猴子，第十位是鸡。
狗停下来在水里玩，所以它只排在第十一位。那只睡着了的猪排在最后。

月球

月球是地球唯一的天然卫星。古人认为地是平的，天空是一个巨大的罩子，叫做天球，而月球嵌在这个天球之中，随着天球转动。月球离地球很远，直到二十世纪六十年代，人类才第一次登上月球。

月球围绕地球转一圈的时间是27.32个地球日。

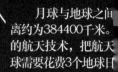

月球与地球之间离约为384400千米。的航天技术，把航天球需要花费3个地球日

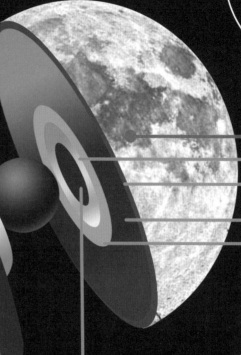

"阿波罗"11号飞船

外核（液体330千米）

月壳（固体50千米）

月幔（固体1200千米）

部分熔岩（黏质480

月球核心（固体240千米）

月球探索最初的历程

1947年2月20日

果蝇被送入太空

1957年10月4日

第一颗人造卫星被送入太空

1957年11月3日

第一只动物被送入太空

1969年7月20日

"阿波罗"11号的航天员在月球上插上了美国国旗。

1965年3月18

苏联航天员阝谢·列昂诺夫在"2号飞船的飞行期了出舱12分钟的走。

月球的体积
约是地球的
1/49

月球的质量
约是地球的
1/81

月球的形成（撞击理论示意）

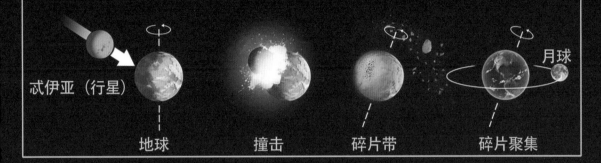

忒伊亚（行星）

地球　　撞击　　碎片带　　碎片聚集

月球

同步绕转

　　月球自转一圈正好与月球围绕地球旋转一圈同步，所以我们在地球上总是看不见月球的背面。

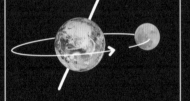

–23摄氏度（℃）

　　是月球的平均温度。当阳光照射月球表面时，温度为127°C；当阳光离开月球表面时，温度则为–183°C。

月球的重力是地球的1/6

　　当你在地球上的称重是100公斤时，在月球上的称重则不到17公斤。

10月8日

成立

1959年4月9日

美国挑选出第一批航天员

1959年8月

苏联挑选出一批航天员进行太空飞行。

1959年9月12日

苏联的探测器"月球"2号撞向月球。

苏联捷列什科娃是世界第一个进入太空的女航员。

1961年4月12日

世界上第一个进入太空的苏联航天员加加林。

第五章
从地球
到月球

月球是人类登陆过的第一个地外天体。1969 年美国的"阿波罗"11 号实现了人类首次载人登月，随后"阿波罗"12、14、15、16 和 17 号相继实现载人登月，一共有 12 名美国航天员登上月球开展科学考察、采集月球样品和埋设长期探测月球的科学仪器，共带回 381.7 千克月球样品，大大增加了人类对月球起源和演化的认识。

图 5-1　阿姆斯特朗在月球上留下的脚印

1 跟着探测器飞向月球

欧空局研制的"智慧-1号"（SMART-1号），是欧洲发射的首枚月球探测器，取名 SMART，源自用于先进技术研究的小型任务（Small Mission for Advanced Research in Technology）的缩写。"智慧-1号"属于轻量级探测器，发射时重约 367 千克，横断面长 1 米。这个探测器执行的任务虽小，但研究的却全是当时最为尖端的技术。它是世界上第一个采用太阳能离子发动机作为主要推进系统的探测器。该发动机利用探测器自身太阳能帆板接收的带电粒子束作为动力，在整个飞行过程中，它仅仅消耗了 82 千克的稀有气体燃料氙，燃料利用效率比传统化学燃料发动机高了 10 倍，是最省燃料的飞往月球的方式。

图5-2 "智慧-1号"月球探测器

中国的首颗人造绕月卫星"嫦娥一号"，总重量达 2350 千克，尺寸为 2000 毫米 ×1720 毫米 ×2200 毫米，太阳能电池帆板展开长度为 18 米，并以中国古代神话人物嫦娥命名，寓意"嫦娥奔月"。2007 年 10 月 24 日，"嫦娥一号"搭载在我国"长征三号甲"运载火箭上，于西昌发射中心发射升空，先是被送入地球同步轨道，然后进行三次变轨。2007 年 10 月 31 日，当"嫦娥一号"再一次抵达近地点时，主发动机打开，卫星迅速加速，在短短几分钟内速度提升至 10.916 千米每秒，进入地月转移轨道，真正开始了从地球向月球的飞越。经过大约 83 小时的飞行后，"嫦娥一号"逐渐接近月球，依靠控制火箭的反向助推减速，于 11 月 5 日前后被月球引力"俘获"，进入 12 小时月球轨道，真正成为一颗绕月卫星。之后经过几次制动，"嫦娥一号"轨道降低至距离月球表面 200 千米处。

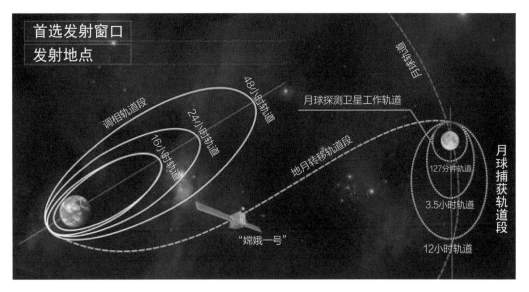

图5-3 "嫦娥一号"探月轨道示意图

对一个国家而言,有探测月球的能力标志着雄厚的技术实力,但要成为探月精英俱乐部的成员,除了技术"超凡脱俗",还必须有相当的财力和人力。"嫦娥五号"顺利返回,中国第一次有了自己的月球土壤和岩石,这是继美国、苏联之后,全世界第三个有能力到月球采样的国家。目前,除了美国、中国和俄罗斯,欧洲、日本和印度等国家和地区都在进行探月工程。不过,美国仍然是地球上第一个也是目前唯一一个让航天员登上月球的国家。

1969年7月16日,"阿波罗"11号飞船搭载在巨大的"土星"5号运载火箭上,于美国肯尼迪航天发射中心升空,12分钟后进入地球轨道,飞船在环绕地球一周半后由第三级子火箭点火加速,进入地月转移轨道,并于7月19日减速进入月球轨道,最终降落在月球上,实现了人类历史上的首次登月之旅。

"月球"1号探测器是苏联,也是人类发射成功的第一颗星际探测器。1959年1月2日,"月球"1号在苏联拜科努尔发射场升空,随即离开地球轨道,1月4日在5995千米外掠过月球。同年发射的"月球"2号探测器同样以不到两天的时间到达月球,并且成为第一个在月球表面实现硬着陆的探测器。之后,苏联又发射了一系列"月球"号探测器,取得了举世瞩目的成绩,如"月球"3号探测器第一个拍摄到了月球背面的照片;"月球"9号是人类第一颗在地外天体上软着陆的探测器;"月球"10号是第一颗环月飞行的探测器;"月球"16号是第一颗在月球表面采集样品后返回的无人探测器;"月球"17号释放了一辆月球车,拍摄到月面照片和视频,等等。在1959年至1979年期间,苏联一共发射了40颗"月球"号探测器,其中,24颗被正式命名,18颗完成了探月任务,经历了飞越、硬着陆、环绕、软着陆和取样返回等探测阶段。

图5-4 苏联"月球"1号探测器   图5-5 苏联"月球"16号探测器

1966年，世界上第一颗在月球上实现软着陆的"月球"9号探测器，确认了月球表面是否坚固，是否足够支撑探测器的重量。另外，也证明了人在月球上行走不会下沉。

1994年1月25日，美国发射了"克莱门汀"号月球探测器，它的任务包括使用不同波长的可见光、紫外线和红外线对月球进行成像，还包括激光测距、测高、测量重力以及测量带电粒子。

图5-6 "月球"9号探测器（左）

图5-7 "克莱门汀"号
月球探测器（右）

目前，平均飞行速度最快的"新视野"号探测器，于2006年1月19日从美国卡纳维拉尔角发射场成功发射，由于这颗探测器有一个加速火箭，使其速度能够达到58000千米每小时。"新视野"号探测器只用了8小时35分钟就到达了月球轨道，之后它并没有减速，继续飞向外太空。

1998年，美国月球勘测轨道器在月球的南极发现了过量的氢，这表明在被永久遮挡的陨石坑内存在水。

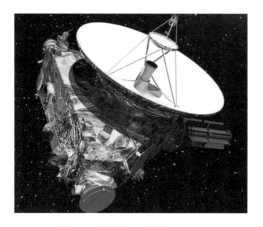

图5-8 "新视野"号探测器

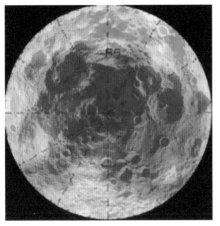

图 5-9　月球勘测轨道器拍摄的月球南极照片（左图蓝色为过量的氢）

从地球到月球需要多长时间

　　谈到飞向月球需要多长时间，首先联想到的就是一个经典的物理公式：时间＝路程／速度。但是实际上航天探测器的飞行时间并不完全取决于这两个因素，还受到很多其他因素的影响和制约，如在资料或影视作品中经常提到的发射窗口、燃料消耗、轨道方案等。

　　目前，很多国家的探测器已经具备了进入月球轨道的能力，甚至在月球表面着陆，而且飞向月球的方式也在不断地变化和发展。一些月球探测器采用"硬着陆"的方式飞向月球，也就是采用火箭猛烈地推击探测器，使之直接撞击到月球上。但这种方式通常出现在探测研究的终止阶段，因为剧烈的碰撞对探测器的结构和性能都会造成很大的破坏，使之很难在月球表面继续工作。而另一些月球探测器则采用"软着陆"的方式，即用离子发动机慢慢地接触月球，缓缓地着陆。在未来，人类飞向月球将会有更多的方式，但是无论哪种方式，从地球到月球都会有多种飞行路线。飞行路线也称飞行轨迹，决定了飞往月球的快慢，即时间长短的问题。

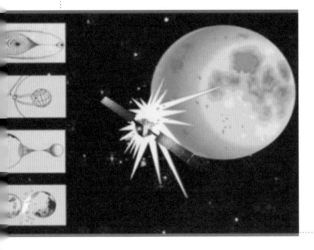

图 5-10　硬着陆方式

航天器	发射时间	到达月球时间	花费时间	到达方式
嫦娥一号	2007.10.24	2007.11.5	12天	环月绕飞
嫦娥五号	2020.11.24	2020.12.1	7天	软着陆
智慧-1号	2003.9.27	2006.9.3	1072天	硬着陆
阿波罗11号	1969.7.16	1969.7.19	3天	软着陆
月球1号	1959.1.2	1959.1.4	1.5天	飞掠
新视野号	2006.1.19	2006.1.19	8.5小时	飞掠

虽然就目前而言，地月穿梭时间仍然比较漫长，但也许 10 年以后，人类会实现最初的设想，让地月旅行的时间缩短到像上下班一样。等到那时，飞向月球到底需要多长时间，就不再是工程师们考虑的问题了，而仅仅取决于人们需要它飞多长时间。未来的太空旅游公司将会提供不同类型的观光模式：如提供一种长时间的巡航模式，使用离子推进器滑行至月球，使游客能够慢慢地观赏太空美景；或者有些游客喜欢刺激，就可以选择一次激动人心的火箭旅行，在几个小时内飞抵月球，这种刺激的飞行方式会令人终生难忘。

未来，月球还可以作为太空旅店，成为短距离观光旅游的出发点和中转站，方便游客登月旅游或者更长时间地停留在太空。例如，在飞向火星的旅途中，月球可以作为一个中转站，乘客们能够在此短暂停留休息，之后换乘飞向火星的航天器继续行程。

2　月球从哪里来？

科学家们从月震波的传播了解到月球也有壳、幔、核等分层结构。最外层的月壳平均厚度约为 50 千米。月壳表面以下到 1200 千米深度是月幔，它占了月球的大部分体积。月幔下面是月核，月核的温度约为 1000 ～ 1500 摄氏度，所以月核很可能是由熔融状态的物质构成。

月球正面大量分布着暗色的由火山喷出的玄武岩熔岩流充填的巨大撞击坑，形成了广阔的平原，称为"月海"。月海的外围和月海之间夹杂着明亮的、古老的斜长岩高地和醒目的撞击坑。从地球上看，月球是天空中除太阳之外最亮的天体，尽管它呈现非常明亮的白色，但其表面实际很暗，反射率仅略高于旧沥青。例如，1.08 亿年前，由于陨石撞击月球形成的第谷坑，远看形状类似"环形山"，所以也称环形山。这个环形山直径为85千米，中央峰从东南到西北的宽度大约是14.97千米。当满月时，人们不需要借助望远镜就可以看见这个坑。因为月球没有大气的腐蚀，所以这个坑已经完整地保存了1.08亿年。

月球从哪里来，一直是人类争论的问题。目前有四种理论，分别为分裂理论、姐妹理论、捕获理论和撞击理论。

分裂理论认为月球曾经是地球的一部分，在太阳系形成的早期，由于某种未知的自发力量将地球和月球给分裂开了。但随着航天技术的发展，阿波罗登月任务将月球土壤带回地球，证明了月球土壤和地球土壤的化学成分是截然不同的，因此这种理论被彻底否认。

姐妹理论认为月球和地球同时形成的。当地球形成时，周围还有大量尘埃和石块围绕地球旋转，靠近地球的尘埃和石块被地球捕获，而有些石块由于旋转速度快，无法落到地球上，便由于自身引力聚集在一起，形成了月球。

捕获理论认为月球没有固定轨道，它曾经漂泊在太空里，但进入太阳系后，由于地球引力作用，它被固定在现在的轨道上。

撞击理论认为太阳系刚形成的时候，一颗大小如同火星的小行星，以某种形式击中地球，并使地球喷出大量的物质。这些喷出物进入太空，经过重整后在环绕地球的轨道上合并成一个单一的固体，形成了月球。今天，计算机仿真技术可以模拟这一理论。在阿波罗任务带回地球的样本中，也发现了地球的脆皮。

图5-11　月球上的第谷坑

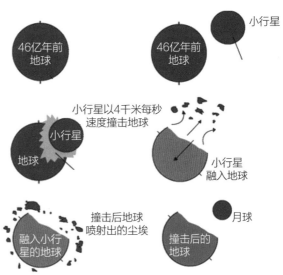

图5-12　撞击理论的月球形成过程

月球的基本参数

赤道直径	3476.28千米	自转周期	27.32166地球日
质量	7.349×10^{22}千克	公转周期	27.32地球日
重力（地球=1）	1/6	最低温度	-183摄氏度
到地球距离	363300～405500千米	最高温度	127摄氏度
轨道倾角	18.28～28.58度		

月球与地球参数对比

月球质量中心和地球质量中心的平均距离大约是385000千米，相当于地球半径的60倍。两者共同的质心大约离地球中心4670千米，也就是在地表下约1700千米。地月直径比例约为4:1，地月质量比例约为81:1。

3 NASA的"廉价"月球基地

"阿波罗"计划可以说是人类历史上最伟大的成就之一，当然也是最"烧钱"的项目之一。从1961年5月到1972年12月，美国在11年间将12人送上月球表面，耗费了约255亿美元的巨资。

不过现在人类似乎可以采用更经济的方式重返月球，并在上面建立一个月球基地。NASA的科学家们计算分析后发现，在未来的5到7年时间里花费约100亿美元的经费就可以完成这项任务，其中的主要途径就是与私人公司共同探测月球。航天专家分析发现月球本身有着巨大的商业价值，在他们看来，月球基地除了能作为科学研究的重要场所，还可以作为商业开采中心。该中心一方面可以开采和利用月球上的丰富资源，另一方面可以从月壤中提取水。水经过处理后，能得到作为航天器重要燃料的氢能源。

图5-13　科学家们打算用5到7年的时间，花费100亿美元，在月球上建设一个能够容纳10人的基地（左），在月球上采矿（右）

但是，如果为了开发月球而无节制地消耗地球资源，终将会得不偿失。所以，重返月球还是应该从长计议，不能把月球开发搞成昙花一现，而是要把它建成人类在地球以外的长久栖息地，以及飞向更远深空的跳板。

图5-14　英国的SmartThings团队调查了2000名成年人，他们一致认为国家在100年的时间里，最有可能成为现实的事情是：向空间发展，殖民月球，获取稀缺资源

4　在月球背面建造最大的射电望远镜

登上月球到底能做什么？这一直是人们关心的问题。很久以前，天文学家们就提出了在月球上部署天文台的设想。最近，科学家们提出了在月球上部署射电望远镜的方案。

何谓射电望远镜？1933年，贝尔实验室的卡尔·央斯基利用一台灵敏度很高的接收机意外发现了来自银河中心稳定的电磁辐射，从此以微波波段为主要观测手段的天文学揭开了新的一页，即射电天文学诞生了。射电天文学是利用射电望远镜接收到的宇宙天体发出的无线电信号，研究天体的物理、化学性质的一门学科。

图5-15　贝尔实验室的卡尔·央斯基（左）和接收银河中心电磁波的微波接收机（右）

（1）在月球背面部署射电望远镜的优点

在月球背面部署射电望远镜，可以观察到波长大于10米的宇宙信息，即频率低于30兆赫。科学家们推测这个频道可以接收到太阳系以外的重要宇宙信号，但是人们在地球上是接收不到这部分波长的宇宙信息，因为它被地球的电离层所吸收。

另外，由于月球没有大气层，而且月球还充当了一个天然的物理屏障，阻断了来自地球的无线电信号，免受来自嘈杂地球上发出的无线电波、人造卫星发出的无线电波，以及月夜期间太阳发出的电磁波的干扰，因此，观测效果会大大加强。

（2）在月球背面部署射电望远镜的方案

科学家们设想，在月球背面建造一个巨大的、千米宽的射电望远镜，形状类似于地球部署的射电望远镜，该望远镜由爬壁机器人建造。爬壁机器人的特点是它们可以行走在陡峭地形上，就像下悬崖一样。射电望远镜的形状是碟形、直径约为1千米的金属网，布局在月球背面的一个3000米至5000米宽的撞击坑内部。这个部署在月球撞击坑中的射电望远镜可以从一个独特的视角来观察宇宙，并且它很有可能帮助人类回答当今天文学中最大的谜团之一，暗物质和暗能量是什么？建设这架射电望远镜需要花几十年的时间。

图5-16　机器人正在月球背面的陨石坑里部署射电望远镜（假想图）

（3）在月球背面部署射电望远镜所面临的挑战

① 射电望远镜尺寸面临的挑战

从某种意义上说，在月球上建造这架射电望远镜要更容易一些。因为月球重力是地球的 1/6，这就意味着可以用更轻的材料建造更大的结构。月球没有大气层意味着没有风暴或其他地球环境的风险，但月球的严酷温度会给这架望远镜带来挑战。

为了捕获宇宙信息，这架望远镜不仅要求建在月球上，而且还要求具有非常大的尺寸。但是基于所用材料的强度和抵抗风载荷的考虑，射电望远镜只能建设一定的尺寸。因为考虑多种因素，地球上的大型射电望远镜都是安装在具有特定地形区域中。例如，中国的天眼就是在一个天然碟形的天坑里。

② 可折展结构

虽然在月球上建筑会有很多优势，但在月球上建筑也面临着独特而重大的挑战，特别是月球环境和运输方面的问题。

这架射电望远镜在地球上可直接建成一个大型的结构，但放在月球上，它是由导电铝线制成的极轻的网状结构，并小心地折叠成一个包裹，放入一个大型火箭的整流罩里，送上月球。

5　月球自主运输问题：磁悬浮运输机器人

对于地球人来说，磁悬浮列车并不陌生。磁悬浮列车是一种轨道交通工具，它通过电磁力实现列车与轨道之间的无接触悬浮，再利用直流电机产生的电磁力驱动列车前进。目前，我国的磁悬浮列车速度已经达到了 600 千米每小时。NASA 喷气推进实验室结合美国在月球上建设前哨站项目的需要，提出了在月球上建立一条基于薄膜磁悬浮轨道的自主运输系统的概念，而且已经获批并对这个概念进行可行性论证。

（1）月球磁悬浮自主运输系统的概念

基于薄膜磁悬浮轨道的自主运输系统，是由薄膜磁悬浮轨道和磁悬浮运输机器人两个部分组成。磁悬浮运输机器人，与 NASA 之前研制的"月球表面操作 2 号"机器人配合，能发挥至关重要的作用。首先，用"月球表面操作 2 号"机器人开采月球上的风化表层物质，作为建设前哨站的消耗材料（如水、液态氧、液态氢等），或作为主要建筑材料；然后，磁悬浮运输机器人将这些材料运输到月球前哨站的"建筑工地"。

图5-17 中国的磁悬浮列车　　　　　　　图5-18 月球磁悬浮自主运输系统（想象图）

（2）月球薄膜磁悬浮轨道

月球磁悬浮运输机器人属于无动力磁性机械装置，它悬浮在一条用柔性薄膜材料制造的轨道上的，该轨道由三层组成。

第一层，也是最底层，采用石墨材料制造，所以称为石墨层。石墨层的主要作用是产生磁力，而运输机器人则会产生抗磁力，于是它就会被动地悬浮在轨道上。

第二层，是柔性电路层，它的作用是产生电磁推力，可以自主地控制运输机器人沿着轨道运行（前进或后退）。

第三层，也是最顶层，也称太阳能薄膜层（也是可选择层，因为能源也可以是核能）。该层在太阳光线照射下可产生电能，为轨道机座提供能源，所以该系统不必担心能源供给问题。

因为月球环境不适合人类生活和工作，另外该轨道施工也会尘土飞扬，所以，与建设传统的道路、铁路或索道不同，磁悬浮轨道是预先装配好，然后运输到指定地点，直接铺设到月球表面的风化层上，这样就可以避免大型施工现场带来的尘土飞扬等问题。

此外，这种磁悬浮轨道是柔性的，可以随时卷起，然后按照需要再重新铺设，进而可以满足不断变化位置的月球前哨站的建设任务。

（3）磁悬浮运输机器人

磁悬浮运输机器人呈长方形，能够以大于0.5米每秒的速度运输不同材料。单个磁悬浮运输机器人每平方米可以放置的有效载荷最多为33千克，由单个磁悬浮运输机器人组成的一串运输系统，每天的运输量达10万多千克，系统的功率不大于40千瓦。

另外，磁悬浮运输机器人没有移动部件，而且是悬浮在轨道上，所以它可以最大限度地避免或减少由于接触产生的摩擦力以及月球上灰尘的磨损，不像以往发射的月球车或月球机器人，它们带有轮子、履带或腿。

6 五件你不知道的探月趣事

20 世纪，飞往月球的航天员总共 24 名，其中 12 名登上了月表地面。虽然探月活动非常冒险，但确实也发生了一些非常有趣的事儿。

（1）全球超过 6 亿人观看了世界第一登月人在月球上行走的电视直播

1969 年 7 月 21 日，在电视屏幕中，穿着厚重宇航服的尼尔·阿姆斯特朗缓慢地离开登月舱，将人类的脚印首次踏在寂静而灰暗的月球尘土上。随后，他站在"壮丽而荒凉"的环境下，通过无线电波把"这是个人的一小步，却是人类的一大步！"的话语从月球传到地球。这句话不是 NASA 预先安排的，而是阿姆斯特朗自己临场发挥出来的。时至今日，这句话已变成了全世界人民在无数场合引用的名言。相反，美国 NASA 安排他说的那就句带有"国家使命"话，不仅当时说错了，而且随着岁月流逝，基本被人类忘记了。

图 5-19　观看登月电视直播的观众

（2）在月球上打高尔夫球

1971 年 2 月 6 日，"阿波罗" 14 号的宇航员艾伦·谢泼德挥动球杆在月球上打起了高尔夫球。他总共打了两个球，第一个球打偏了，落到了一个小撞击坑里；第二个球打飞了，但他不知道球飞了多远，专家估计飞行距离为 180 到 360 米。

为了能在月球上打高尔夫球，谢泼德用一只长筒袜把高尔夫球杆和两个高尔夫球"偷偷"带到了月球。尽管 NASA 不允许这种"偷偷"的行为，但这也是对月球探索的一种有意义的尝试。

图 5-20　在月球上打高尔夫球的艾伦·谢泼德

（3）陨落到月球上的航天员

1971 年 8 月 1 日，"阿波罗" 15 号飞船指挥官大卫·斯科特做了一件秘密的事情。

他在月球上放置了两个奇怪的物品：一个高度只有 8.5 厘米的铝制航天员雕像和一块载有遇难航天员名字的牌匾。航天员雕塑被命名为"陨落的航天员"，牌匾上列出了在太空任务中死亡的 14 名航天员。"阿波罗" 15 号安全地降落地球后，NASA 才知道此事。但尽管如此，放这两个物品在月球上的意义仍然举足轻重。

顺便说一下，大卫·斯科特在登上月球后还做了一个自由落体实验，他从同一高度同时释放锤子和羽毛，看到它们同时落到月球表面。

（4）把家留在月球上

1972 年，"阿波罗" 16 号航天员查尔斯·杜克在月球上留下了一张全家福照片，照片是他与坐在长凳上的妻子和两个儿子的合影，照片的背面签名写道："这是来自地球的航天员杜克的家庭。"1972 年 4 月登陆月球的这张照片，在月球上一直保留到今天。

查尔斯·杜克启程前问孩子，要不要跟着上月球去看看。1999 年，他回忆登月飞行时说道：那张全家福照片掉在月球表面的场景，就是为了让孩子看到，他们的一部分物品跟父亲一同去过月球了。

图 5-21　航天员丢在月球上的工艺品

图 5-22　一张留着月球上的全家福照片

（5）用于微信启动界面的"蓝色弹珠"

这张照片我们并不陌生，它是 1972 年 12 月 7 日"阿波罗" 17 号航天员站在月球上拍摄的地球照片，它让人类第一次从太空中看到地球的全貌。对于站在月球上的航天员而言，地球的大小就像小孩子玩耍的弹珠一样，因而它被命名为"蓝色弹珠"。

照片显示的是非洲大陆，为什么微信启动界面采用了这张照片呢？微信团队称："非洲大陆是人类文明的起源地，我们将非洲上空的云图作为启动页的背景图，也希望将'起源'之意赋予启动页面。"

图 5-23　蓝色弹珠

月球知识问答

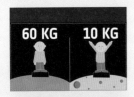

问：你在月球称体重是多少？

答：在月球上称体重是地球的 1/6。

问：为什么月球看起来时大时小？

答：因为月球在椭圆轨道上运行。

问：月球上有水吗？

答：有。

问：为什么你看到月球上有如此多陨石坑？

答：由于没有气候和月壳活动，所以陨石坑保持着它们的形状。

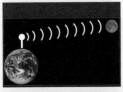

问：无线电信号在地月之间传输需要多长时间？

答：大约 1.28 秒。

问：从月球上看地球有多大？

答：比我们从地球上看到的月球还要大。

问：月球上亮的和暗的区域是什么？

答：暗的区域是熔岩流，亮的区域是高地。

问：月球有阴暗面吗？

答：没有。通常科学家们说的是近侧和远侧，也称正面和背面。

火星

火星因其表面是红色的，所以中国人称它为火星。直到很久以后，望远镜揭示了火星不仅仅是一个红色亮点。在相当长的一段时间内，人们都把发现外星人的希望寄托于火星，甚至撰写了不少关于火星人的科幻小说。

火星到地球的最近距离约为5460万千米，最远距离约为40100万千米。

因为火星轨道不于地球轨道，所以每个月有一次发射窗口。

地球轨道

火星表面的大气压力是地球表面大气压力的0.7%。

薄薄的大气层中包括：
95.32%的二氧化碳
2.7%的氮
1.6%的氩
0.13%的氧气
0.08%的一氧化碳

液态铁化硫核　　火星幔　火星壳

火星探索历程

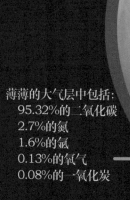

公元前50年—红色星球

Mars

由于火星颜色鲜红，所以火星也被称为"红色行星"，并以罗马战争之神Mars的名字命名。

1609年—火星轨道计算

德国天文学家约翰尼斯·开普勒计算出了火星轨道的形状。

1659年—第一次观察火星表面

荷兰科学家克里斯蒂安·惠斯通过望远镜观察火星，发现火自转周期约24小时。

2020年—未来

中国2020年的首次火星探测一次实现"环绕、着陆、巡视"三个目标，这是其他国家第一次实施火星探测时所没有的。

2012年—火星车

"好奇"号火星车抵达盖尔环形山。

2001年—马斯克要在火

马斯克策划了一星绿洲"的项目，计小型实验温室降落在并提出要在火星上进

火星的直径
约是地球的
1/2

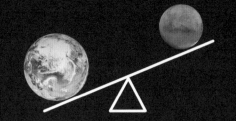

火星的质量
约是地球的
1/10

火星围绕太阳旋转一圈需要花费686.98个地球日，所以火星的一年就是686.98个地球日。

火星有两颗卫星，他们表面布满了陨石坑。其中"火卫一"比"火卫二"大，"火卫一"的轨道正在降低，而且逐渐靠近火星，火卫二"正慢慢远离火星。

火星一天是24小时39分钟35秒，所以火星完成一次自转需要24小时39分钟35秒。

火星的平均温度为-64摄氏度。在夏天太阳照射期间，火星赤道附近温度高达20摄氏度，但夜晚没有阳光照射期间，温度则为-100摄氏度。

火星表面的风速最高可达144千米每小时。

最近，人类已经发现火星上有水。火星上的水是以气态、冰和雪的形式存在的。

火星上最高的山是奥林帕斯山，高度达25千米，也是太阳系中最高的山。

1863年—绘制了第一张火星地图

意大利天文学家安吉洛·西奇画出了第一张火星有色地图。

1877年—发现火星周围的卫星

美国天文学家阿萨夫·霍尔发现了火星的两颗卫星："火卫一"和"火卫二"。

1924年—估测出火星表面的温度

美国天文学家爱迪生·佩蒂特和瑟思·尼可尔森使用胡克望远镜估测出火星表面的温度，并得出风和温度是季节性变化的结论。

火星自转轴倾斜角度

文学家威廉·赫
自转周期测量，
转轴倾斜角度为

1984年—火星陨石

南极洲的艾伦丘陵发现了陨石ALH84001。它是1600万年前从火星上掉落下来的，13000年前到达地球。

1971年—第一颗火星轨道飞行器

"水手"9号是第一颗在除地球以外的行星轨道上运行的飞行器，它发现了休眠的火山、巨大的峡谷系统和被流体侵蚀的迹象。

1965年—第一颗抵达火星的航天器

NASA的"水手"4号探测器第一次成功飞越火星，拍下了火星南半球的21张图片。

第六章
从地球
到火星

在相当一段时间内，人们都把发现外星人的希望寄托于火星，甚至撰写了不少关于火星人的科幻小说。当航天探测器访问火星后，人们发现火星是一个干燥的、无生命的、由沙漠覆盖整个表面的行星。但让人们重新燃起希望之火的是有证据证明火星以前是有很多水的星球。

图6-1　火星的环境地貌图像

1 跟着探测器飞向火星

从 1960 年 10 月 10 日苏联发射"火星 1960A"探测器至今，人类共组织实施了 40 余次火星探测任务。受天体运行规律的约束，每 26 个月才有一次火星探测有利发射时机。中国 2020 年的首次火星探测任务一次实现"环绕、着陆、巡视"三个目标。在此之前，NASA 的"好奇"号等火星探测器已引起了公众的广泛关注。

1965 年，第一颗抵达火星的人类探测器——NASA 的"水手"4 号探测器第一次成功飞越火星，拍下了火星南半球的 21 张图片，发现火星的陨石坑很像月球上的陨石坑。

1971 年，第一颗火星轨道飞行器"水手"9 号发现了火星上一个巨大的、休眠的火山。比相对更年轻的北半球，南半球有更多的陨石坑。

美国于 1975 年发射了两艘"海盗"探测器，离开地球前往火星，传回了第一张从火星表面拍摄的图片，发现了一条似乎干涸的河床分支。

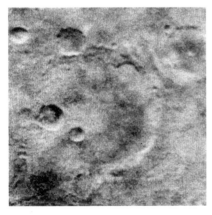

图6-2 "水手"4号拍摄的陨石坑

图6-3 "海盗"2号着陆火星

"好奇"号火星车是美国第七颗火星着陆探测器、第四辆火星车，也是四辆漫步火星的火星车中最大的一辆。它于 2011 年 11 月发射，2012 年 8 月成功登陆火星表面，是世界上第一辆采用核动力驱动的火星车。

图6-4 正在火星表面巡视的"好奇"号火星车

图说星球：
探索宇宙和星球起源的奥秘

"好奇"号之前的三台火星车的情况如何呢？"旅居者"号火星车是美国第一台火星车，它在1997年探测了克里斯平原，之后被安置在母船附近。孪生火星车"勇气"号和"机遇"号于2004年到达火星，探测了火星上很大面积的区域。

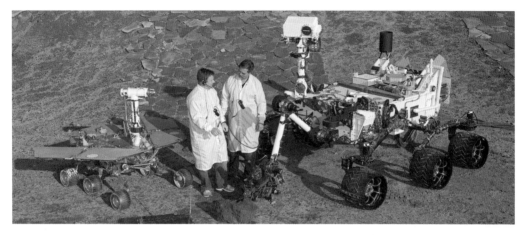

图6-5 三代火星车："旅居者"号（前）、"机遇"号（左）、"好奇"号（右）

从地球到火星需要多长时间

为了确定到达火星的时间，人们必须确定地球与火星的距离，而两颗行星之间的距离因环绕太阳的运行而时刻发生着变化。地球和火星最近点的距离是5460万千米。当两颗行星都位于太阳的两边时，两者之间距离最远，大约为40100万千米。

从火星表面发出的光到达地球的最短时间约3分钟。对于航天器来说，到达火星的时间主要取决于执行发射任务时两颗行星所处的轨道位置，同时还取决于推进系统的科技发展。从地球发射的最快到达火星的航天器是"新视野"号探测器，这颗探测器到达火星的时间为942小时（39.25天）。

电影《火星救援》里的很多技术因其真实可行性得到了广泛好评，但是根据美国麻省理工学院的研究人员分析，电影里的救援路线并非最佳。人们想出了从地球前往火星的最佳路线，就是利用月球做中转。

图6-6 正在飞向火星的"新视野"号探测器

2 太阳系星盘中的火星

英国天文学家威廉·赫歇尔（William Herschel）利用对火星自转周期的测量，发现它的自转轴的倾斜角度是 25.2 度。当行星自转轴倾斜时，火星表面上的光照量在一年里会不断变化。因此，火星也有四季。但火星上每个季节都是地球的两倍长，这是因为火星公转周期约是地球的两倍。赫歇尔指出火星上冰盖的大小随着季节变化而改变。

在火星的南、北极，则像地球一样常年覆盖着白皑皑的冰盖，也称为极冠。火星北极冠的水冰更多，而火星南极冠固态二氧化碳更多。在冬季，南极冠可以蔓延至半个火星南半球；在夏季，这些极冠几乎全部消失。然而，北极冠大小变化却没有南极冠那么明显，因为无论是在冬季还是夏季，火星北半球总是比南半球寒冷得多。

图6-7 冬季的冰盖

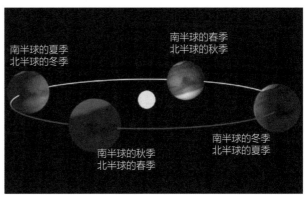

图6-8 火星的四季

在火星表面经常会有速度约 10 千米每小时的风吹过，酷似龙卷风的火星旋风会吹起红色的火星沙尘，最大的风可以把整个火星表面覆盖上一层毯子似的沙尘。

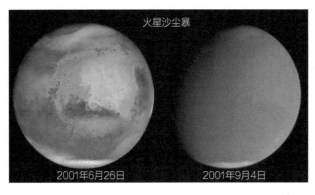

图6-9 火星沙尘暴

图6-10 太阳风吹火星大气

图说星球：
探索宇宙和星球起源的奥秘

虽然火星表面没有液态水，但科学家们经过探测，发现火星上目前还是有很多水的，不过绝大部分都被冰冻在火星两极的内部，以冰冻的土壤形式存在，也称为"永久冻土"。并且，火星深处有可能存在大量未知的液态水。

火星上也有很多火山，其中一些火山还是太阳系中较大的几座。就像地球上夏威夷群岛的"盾状火山"一样，这些火山都非常宽，拥有非常长的斜坡。火星是太阳系中最大火山的所在地，其中四座大火山在塔西斯高地，位于火星赤道上一个凸起的地方，而这四座火山中最高的就是奥林帕斯火山。奥林帕斯火山高约 25 千米，半径约 600 千米，比地球上最高的珠穆朗玛峰还要高出两倍。目前科学家还不能确定这些火山最近一次爆发的时间，也许有一亿多年未曾爆发过了。

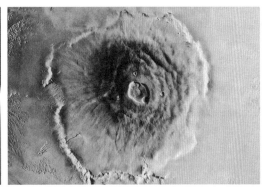

图6-11　太阳系中最高的山——奥林帕斯火山

"水手谷"是火星上一个巨大的峡谷群，在火星赤道附近绵延 4000 多千米。1971 年，美国发射的"水手"9 号探测器首次发现了它。构成"水手谷"的峡谷群，最宽处有 100 千米，最深处有 10 千米。在"水手谷"中心有三条大峡谷，形成了一个 600 千米宽的巨大缺口。科学家们认为：在几十亿年前，火星地壳由于表面张力过大引起分裂，形成了"水手谷"。40 亿年前，"水手谷"可能还有水在流淌。

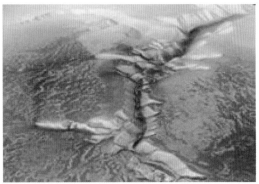

图6-12　火星的伤疤——水手谷

火星有整个太阳系中最大的陨石坑——赫拉斯盆地，它差不多和加勒比海一样大。赫拉斯盆地半径约2300千米、深约9千米，而地球上最大陨石坑半径也只是约300千米。许多火星陨石坑周围的岩石是从陨石坑中溅出来的，因为当陨石撞击火星形成陨石坑时产生大量的热，这些热使火星地下的冰融化，湿润的泥土被溅出到陨石坑周围。

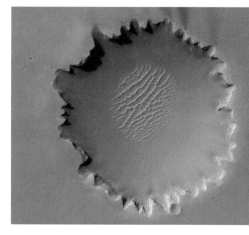

图6-13　火星上的陨石坑

当火星处于有利位置时，美国天文学家阿萨夫·霍尔（Asaph Hall）发现了火星的两颗卫星——"火卫一"和"火卫二"，后来被分别命名为"Phobos"和"Deimos"。他使用的是美国海军气象天文台中建成不久的66厘米口径折射式望远镜，这台望远镜当时是世界上口径最大的折射式望远镜。

火星的这两颗卫星并不像月球那样圆，它们的形状很不规则，表面布满了陨石坑。"火卫一"比"火卫二"大。从目前的观测结果看，"火卫一"的轨道正在降低，而且逐渐地靠近火星。与"火卫一"不同，"火卫二"半径只有15千米，目前正慢慢远离火星。

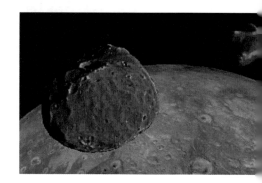

图6-14　"火卫一"和"火卫二"

1924年，美国天文学家爱迪生·佩蒂特（Edison Pettit）和瑟思·尼可尔森（Seth Nicholson）使用位于加州威尔逊山的胡克望远镜估测火星表面的温度，测得火星赤道处的温度为7摄氏度，极点处的温度为 -68 摄氏度，并得出风和温度随季节变化的结论。

图6-15　胡克望远镜

火星的基本参数

赤道直径	6794千米	公转周期	686.98地球日
质量	6.4129×10^{23}千克	自转周期	24小时39分钟35秒
到太阳距离	2279×10^3千米	表面温度	-64摄氏度

火星与地球参数对比

火星是太阳系八大行星之一，是太阳系由内往外数的第四颗行星，属于固体行星，直径约为地球的53%，质量约为地球的11%。自转轴倾角、自转周期均与地球相近，公转一周的时间约为地球公转一周的两倍。橘红色外表是地表的赤铁矿。

图6-16　火星与地球的比较

3　火星使人类成为多行星物种的梦想变成现实

德国天文学家约翰尼斯·开普勒（Johannes Kepler）计算出了火星轨道的形状，并得出了行星运动的三大定律。荷兰科学家克里斯蒂安·惠更斯（Christiaan Huygens）发现火星自转周期约24小时，并在1672年发现了火星的极冠。

在前人的基础上，意大利天文学家安吉洛·西奇（Angelo Secchi）画出了火星的第一张有色地图。1879年，意大利天文学家乔范尼·夏帕雷利（Giovanni Schiaparelli）画出了更加详细的火星地图，包括细纹标记。

火星是太阳系中由内向外数的第四颗行星，它的运行轨道位于地球和木星轨道之间，与太阳的平均距离是2.28亿千米。火星是一个比地球冷得多的星球，表面的平均温度约为 −64 摄氏度。火星的外部包裹着一层粗厚的岩石外壳，在这层外壳之下是炽热的地幔，它的温度

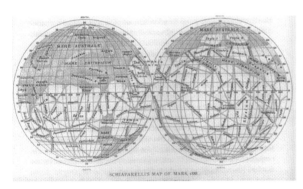

图6-17　夏帕雷利画的火星地图

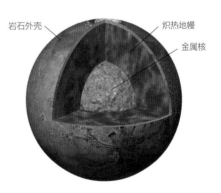

图6-18　火星的结构组成

极高，以至于其中的部分岩石都有可能熔化。在地幔以下，也就是火星的中央，是一个巨大的金属核。火星的金属核主要由铁构成，当然它也含有其他化学元素。

火星有人居住的观点在科幻小说中是非常流行的。1938年10月30日，奥逊·威尔斯（Orson Welles）根据赫伯特·乔治·威尔斯（H.G. Wells）的原作演出了广播剧"宇宙的战争（War of the Worlds）"，并用一种新闻节目的风格，让一些听众相信火星入侵者正在接管地球。

图6-19　奥逊·威尔斯在CBS广播

1938年，在威斯康星州耶基斯天文台工作的美国天文学家杰拉德·柯伊伯（Gerard Kuiper）发现火星稀薄的大气层主要由二氧化碳组成。这个发现帮助人们推翻之前"火星像地球"的大众观点。

美国SpaceX公司创始人埃隆·马斯克（Elon Musk）表示，随着科学技术的不断发展，人类的火星旅行并非难事，让人类成为多行星物种的梦想有望成为现实。他预言2030年人类将实现登陆火星，2060年火星表面人口数量将达到100万，甚至最终地球人应当移居至火星。

然而，火星计划将产生一系列有趣的问题，例如：如何在火星发现充足的水资源，以维持人类日常生活以及农作物生长？火星极地冰盖存在大量水资源，可否利用？哪种类型建筑适宜人类生活，保护人类免遭恶劣火星环境因素的影响？利用火星土壤制造砖块，作为一种房屋建造的解决方案？或者原地安置一个塑料膨胀设备，像一个巨大的充气帐篷，用于人类生活居住？未来哪些人将成为首批火星探险者？

图6-20　2030年人类可能首次登陆火星

天体会发声吗？

天体运动有声音吗？声音肯定会有的，只是太空无法传播声音，所以进入太空的航天员无法听见。2006年，科学家们曾经把复杂仪器固定在一个送往大气层边缘的气球上，探测到了尖叫的吼声。

（1）发现恒星声音

最近，科学家们发现了一个出乎意料的情况，他们听到了三颗系外恒星发出的嗡鸣声，就像乐器的共鸣箱一样，这使许多科学家开始致力研究恒星发出的声音，希望能从这些声音中发现星体内部的演变过程。

事实上，太阳核心的核聚变、太阳表面的耀斑爆发、太阳内部升腾而起的巨大热气团，都会使太阳产生声音。你知道吗？一位作曲家就曾经根据这些恒星的声音写了一首曲子。在现代音域范围内，也就是440赫兹为标准高音，太阳发出的声音，是升G调。

（2）发现行星声音

由于每颗行星周围的空间是不同的，所以每颗行星都有各自的声音和独特的"歌曲"。"毅力"号探测器于2021年2月18日登陆火星这颗红色星球时，它不仅收集了令人惊叹的图像和岩石样本，还录制了火星上的声音，让人们体验到火星声音与地球声音的微妙不同。火星大气密度远低于地球，在地球上听起来嘈杂的机械声——"好奇"号零件运转的声音，到火星上就会安静许多。另外，比起高频率的声音，低频率的声音在稀薄的大气中比较容易传播。

（3）宇宙之声

从科学角度看，宇宙中的一切物质都会发出辐射，如果我们的耳朵对它敏感，就可以"听到"。从某种意义上说，星系都会发出辐射，进而也能转换成我们能听到的声音，或许听起来很怪异，如口哨声、爆裂声和嗡嗡声，都是地球上许多"歌曲"中的一部分。

天文学家将"旅行者"2号探测器捕获的太阳系"边界"区域数据转化为声音，听到的则是不止来自一个星系的宇宙之声。因为这种声音与太阳系内的星体都没有关联，可能是来自银河系外的其他许多地方。

图6-21 NASA用于探测天空声音的气球正在充气

图6-22　NASA的"毅力"号探测器装有一对麦克风，采集了来自火星的音频

4　火星照片的"白条"之谜

2021年3月4日，中国国家航天局发布了"天问一号"火星探测器，在距离火星表面350千米处拍摄的几张高清火星影像图，其中一张全色图像显示，火星表面呈现小型环形坑，环形坑周边的山脊和坑内的地貌非常清晰。很多人看了这张火星陨石坑的照片，都情不自禁地问："坑里的'白条'是什么？"

回答这个问题，就需要从陨石坑的"阅历"说起。众所周知，在地球上，当陨石坑形成后，经过风风雨雨的岁月洗礼，由风吹来的沙尘常常会堆积在坑底，甚至还会将坑掩盖。在火星上的陨石坑也是一样，在规模较大的陨石坑底，经常也会出现由于风化而产生的沙粒，但火星的沙粒非常细微，风力作用又把它们堆积起来，形成沙丘。所以，针对火星陨石坑照片的"白条"而言，科学家们认为它很可能是火星沙丘坡面的反射光。这些"白条"主要呈月牙形，其弧形的方向即为风向。这些"白条"之所以看起来又白又亮，并不是因为它们本身发光，而是因为沙丘相对隆起，沙粒的反光率也较高，因此能够很好地反射太阳光线，所以在照片中就形成了"白条"。

另外，科学家们也不排除这些"白条"是二氧化碳固化后形成霜冻的可能性。当温度低至−78.5摄氏度时，二氧化碳会发生凝华，变成白色干冰。此前，美国在进行火星探测时，发现过二氧化碳霜冻结构。实际上，岩层、盐类、矿物质等物质都有可能形成"白条"，但由于人类掌握的火星资料较少，所以暂时还不能下定论。

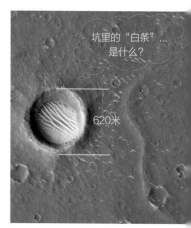

图6-23　"天问一号"拍摄的火星陨石

太空探索，永无止境。随着人类航天活动的不断发展，对宇宙的认识不断深入，火星很有可能成为人类的第二个栖身地，那时人们就可以与火星"白条"合影留念了。

5 在火星大气层里操控人类飞机

2021年2月，人类在火星"上映"了史无前例的太空"大片"，火星迎来了3个外星来使。前两个分别是于2月9日到达预定的火星近赤道轨道的"希望号"火星探测器和于2月10日抵达的中国"天问一号"火星探测器。最后一个便是2021年2月19日登上火星的火星直升机。2020年7月30日，NASA的"毅力"号火星探测器发射，并于2021年2月19日在火星上着陆，火星直升机也跟随前往火星。这架火星直升机重1.8千克，主要任务是证明人类可在另一个星球上操控飞机。

此次事件运用先进的人工智能技术尝试在地球以外的火星大气层里控制飞机，这标志着人类太空探索历程中的又一个奇迹。接下来就让我们一起了解一下此次大事件的主角——火星直升机！

火星直升机有四个特制的碳纤维叶片，排列成两个转子，它们在相反的方向以大约2400转每分钟的速度旋转。这比地球上的直升机要快许多倍，而且还具有创新的太阳能电池和航空电子装置。

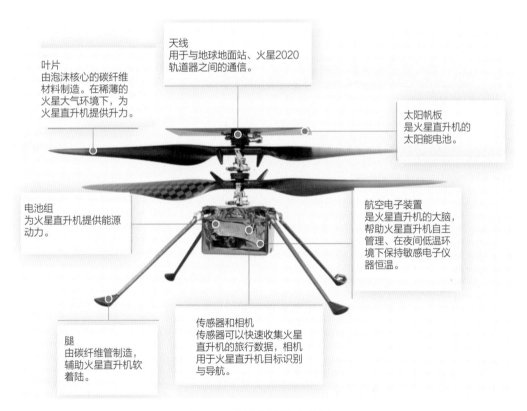

图6-24 火星直升机的组织结构

由于火星大气层密度比地球大气层密度低 99%，稀薄大气使火星直升机难以获得足够的升力，因此火星直升机必须比地球直升机轻巧得多才能起飞。火星直升机转子叶片比在地球上飞行的直升机所需的转子叶片更大，旋转速度也快得多。

由于火星比地球温度低，火星直升机需要具有较高程度的耐寒能力。此外，由于行星际距离的通信延迟，火星直升机的飞行控制器将无法使用操纵杆，所以火星直升机具有很多自主权，可自主决定如何飞向目标，在路径规划方面具有一定的灵活性。

火星直升机最初被亚拉巴马州诺斯波特的一位高中生 Vaneeza Rupani 命名为"智慧（Ingenuity）"，后来又改成了"毅力（Perseverance）"。鉴于该团队在研制火星直升机期间，采用了很多创造性的思维，且 NASA 官员认为"智慧"作为该机的名字更为恰当，所以火星直升机最终还是被命名为"智慧"。

火星直升机可以提供当前火星表面漫游者无法提供的独特视角，可以访问火星漫游者难以到达的地形，为人类提供珍贵的高清图像。

本次火星直升机造访火星，旨在演示在火星大气层飞行所需的技术。如果成功，即可证明人类可以利用高空资源探索火星的可行性。这些技术将被用到其他先进的火星飞行器中，为人类探索火星带来无限可能。

6　起底着陆火星的漫游车

从 1997 年重 11 千克的"旅居者"号，到 2003 年重 180 千克的"勇气"号和"机遇"号，再到 2012 年重达 900 千克的庞然大物"好奇"号，再到 2021 年重达 1 吨的"毅力"号。NASA 已经成功将 5 辆火星漫游车送上火星。对于承担这 5 辆火星漫游车研制任务的美国 JPL（喷气推进实验室）而言，每一次新任务都意味着更复杂的设计和更大的科学野心。今天就让我们一起来"盘点"这些火星漫游车吧。

（1）火星漫游车："旅居者"号

1997 年，JPL 工程师们做了一件相当惊人的事情，他们第一次使用一个小型轮式机器人来研究火星表面。这个漫游式的机器人探测器被命名为"旅居者"。尽管它的尺寸只有微波炉的大小，但它却与科学家们分享了许多有关火星的重要信息。

图 6-25 "旅居者"号的尺寸相当于微波炉的尺寸　　　　　　图 6-26 第一辆着陆火星的漫游车

"旅居者"号虽然是自主式的机器人车辆，但工程师们还可从地面对它进行遥控。"旅居者"号配有六个车轮，体积很小，重量也只有 11 千克。在 83 天的时间里，它穿过了布满沙土的火星地表，拍摄了大约 550 张照片，并将数据和图片发送回来，为地面研究人员提供了大量关于火星的大气数据。

在前往火星的旅途中，"旅居者"号并不是孤独的。它被封装在一个称为着陆器的航天器里，着陆器外形像一个金字塔，被安全气囊覆盖着。安全气囊会协助着陆器安全着陆。金字塔的形状可以避免着陆器和火星车在任何着陆情况下的随意翻转。

"旅居者"号探索了火星克里斯平原附近的一个区域，科学家们对这个地区很感兴趣，因为它看起来就像是古代洪水的遗迹。

（2）火星漫游车："勇气"号与"机遇"号

图 6-27 搭伴去火星的"勇气"号和"机遇"号

在"旅居者"号火星车漫游成功之后，美国 NASA 希望发送更多的漫游车去探索火星。因此，在 2003 年，他们同时派出了两辆漫游车前往火星，这两辆漫游车分别被称为"勇气"号和"机遇"号。

"勇气"号和"机遇"号是孪生兄弟，它们的大小与高尔夫球车相当，并且它们都携带着相同的科学仪器，它们的任务是寻找更多关于火星上是否存在水的线索，进而证明这颗红色星球上是否曾存在过生命。为了完成任务，科学家们把两个探测器分别送到了两个不同的着陆地点。

"勇气"号和"机遇"号探索结果表明，火星曾经与地球一样，有湖泊和河流，也有地下水以及大气中的水蒸气。

（3）火星漫游车："好奇"号

众所周知，在地球上，因为有水，才有生命。从大量的火星观测信息可知，火星很久以前曾有过水，但曾存在过生命吗？为了寻找答案，NASA 把"好奇"号火星漫游车送上了火星。

"好奇"号是世界上最大的陆地机器人，大约有一辆小型 SUV 汽车那么大。因为"好奇"号太大，所以它的轮子也比之前的"旅居者"号大很多，这样会有助于它在滚动时不被火星的岩石和沙子卡住。然而，在一个漫长的驾驶日里，它仅仅能行走大约 200 米。

图6-28 "好奇"号的尺寸相当于小型SUV汽车的尺寸

"好奇"号着陆在盖尔环形山附近的陨石坑。这个陨石坑很特别，因为它中间有一座高山。这座山有许多层岩石，每一层岩石都是由不同时期的不同矿物组成，这些矿物可以告诉科学家们关于火星上水的历史。

"好奇"号使用了许多科学仪器和工具来研究盖尔陨石坑中的岩石。它使用钻头在岩石上钻了一个洞，那块岩石曾经是湖底的泥。它用一种仪器研究了从岩石中钻出的粉末，这些粉末可以帮助科学家们了解盖尔陨石坑（火山）成分，以及是否有古代生物生存。

"好奇"号携带了 17 台相机，比其他任何火星漫游车都多。"好奇"号用这些相机拍下了所到之处的照片，同时这些相机也是"好奇"号的眼睛，会帮助它发现并避开危险。另外，"好奇"号的一个摄像头安装在 2 米长的机器臂的末端，就像一根自拍杆，可以把相机拿到 2 米远，拍摄一张自拍照。

科学家们安排"好奇"号探索的任务还有很多，包括火星受到的太阳辐射强度。辐射是一种来自太阳的能量，"好奇"号发现火星上具有很高的辐射量，对生命体是很危险的。

（4）火星漫游车："毅力"号

火星上的漫游车收集了关于水的证据和一些有关生命的化学物质。科学家们认为火星上存在生命也可能是很久以前的事了，而且它们很可能是微小的有机体，如地球上的细菌。但是仍然无法确切地判断火星上是否存在过生命。2021 年的火星任务希望能回答这个问题。这次任务是派出一辆非常类似于"好奇"号的漫游车——"毅力"号，来探索火星上的岩石、泥土和空气。与"好奇"号一样，它将直接寻找火星上过去生命的迹象。

从工程学的角度来看，"毅力"号的设计方案几乎是由"好奇"号移植而来的。所以，"毅力"号大约 85% 的设计是"好奇"号的继承，如底盘结构、车轮、动力系统和通信系统等都是复制"好奇"号。但是它也有与"好奇"号不同的地方，"毅力"号为了收集和储藏岩石样本，搭载了七套全新或改进的载荷系统。例如，探测器桅杆上的全景照相机拥有变焦功能，可以细致观测科学家们感兴趣的区域；探测器的机械臂搭载紫外线和 X 射线质谱仪，能比"好奇"号的设备更加细致地测绘岩石。对于这次任务，岩石样本收集、地质背景信息获取等任务都寄托在这些装备上。

为了载人登陆火星计划，"毅力"号还将考察火星的自然资源。在载人登陆火星任务中，必须解决的难题就是人类如何在火星上呼吸。火星大气层主要由二氧化碳气体构成，但许多生物（包括人类）则需要氧气来呼吸。如果人类要去火星，必须携带很多氧气，可是，航天器上没有多少空间能用来携带液态氧。"毅力"号将测试如何更有效地在火星大气中提取氧气的方法，进而帮助科学家们获得最好的设计思路，让人类航天员有一天能登陆火星。

图6-29　载人登陆火星计划的先行者——"毅力"号

木星

木星是太阳系中的第五颗行星。木星的质量约是太阳系所有其他行星质量总和的2.5倍。木星每11.86个地球年绕太阳运转一周。这颗行星上，大部分是气体和液体，另外还有一些由尘埃颗粒组成的环系。

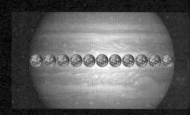

木星直径是地球直径的11.2倍

湍流大气：
- 约89%氢气。
- 约10%氦气。
- 其他微量气体。

表面条件：
- 大气压力：1000×地球压力。
- 温度：因深度而异。
- 风速：在高层大气中超过640千米每小时。

金属核心

木星的核心可能由金属层和岩石以及甲烷冰、氨冰和水冰组成。

人类木星探索历程

1610年 伽利略观测木星

1665年—1690年 木星大气草图

1733年 计算木星直径

意大利科学家伽利略在使用望远镜研究木星时，观测到木星附近存在着四颗亮度微弱的"星星"，这四颗星星后来被证明是木星的卫星。

法国天文学家乔凡尼·卡西尼制作了第一张木星大气的草图。为了研究木星的自转，他还确认了木星的云带和斑点。

英国天文学家詹姆斯·布拉德利通过望远镜测量木星盘的大小，并用该结果计算木星的巨大直径。

在八大行星中，木星自转周期最短，所以木星是昼夜时间最短的行星。木星自转一周的时间是9小时55分钟。

目前有79颗卫星。"木卫三"是太阳系中最大的卫星。

木星是一颗巨大的气体行星，没有固体表面，其大气成分主要是氢元素和氦元素。

著名的木星大红斑实际上是一个巨大的风暴（相当于2～3个地球的大小）。

木星是太阳系中最大的行星，可以容纳1200多个地球。

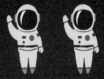

地球重力的2.36倍

木星的环系统由四个主要部分组成：
● 厚厚的颗粒内圈"光环"。
● 明亮且薄的"主环"。
● 两个宽、厚且亮度微弱的外"戈萨默环"——阿马尔西娅和特贝。

1930年 木星是气体团

美国天文学家乔治·霍夫认为木星是由一团很厚的气体组成的，这团气体在木星深处因为高压而转换成液态形式存在。

1955年 发现木星磁场

美国天文学家肯尼思·富兰克林和伯纳德·伯克发现了来自木星的无线电波脉冲，这一发现表明木星存在磁层。

1979年 "旅行者"号

"旅行者"1号和2号飞船首次展示了木星伽利略卫星的全貌，揭示了四颗星球上的全新世界。

2011年 发射"朱诺"号

"朱诺"号于2016年抵达木星，它的任务是绘制木星磁场图、测量大气、观察极光等。

1995年—2003年 环绕木星

"伽利略"号探测器研究木星系统超过八年，数据表明，在"木卫二"的冰表面深处存在液态水海洋。

1979年 "木卫一"火山喷发

木星潮汐力产生的热量驱动硫黄喷发，这使得木卫一成为太阳系中火山活动最活跃的天体。

第七章
从地球
到木星

每当夜幕降临，明亮的木星总是准时从球上空经过，因此，早期的天文学家们在神话故事中赋予了它突出的地位。木星体积庞大，人们使用最简单的望远镜，就可以清楚地观测到木星，甚至可以看到环绕着它运行的四颗大卫星。在望远镜时代，木星表面上不断移动着的斑纹一直让天文学家们感到困惑。在航天时代到来后，木星探测器为人类揭示了许多关于木星系统的秘密。

1 跟着探测器飞向木星

"先驱者"10号是第一颗访问木星的探测器，它于1972年3月发射，并于1973年12月到达木星轨道。它飞临木星时，沿木星赤道平面从木星右侧绕过，在距木星云顶132250千米处，拍摄了第一张木星照片。

"先驱者"11号于1974年12月接近木星，离木星云顶仅仅42900千米，这个距离是地球到月球的十分之一，拍下了高清晰度的木星照片。不仅如此，它还确认了木星的光环，收集了木星磁场、辐射带、温度、大气环境等数据，为科学家们探测木星提供了诸多信息。

"尤利西斯"号是由NASA和欧洲航天局联合研制的一颗太阳探测器，并用希腊神话中智勇双全的奥德修斯的拉丁名字命名。"尤利西斯"号的主要任务是探测太阳，它的轨道与黄道平面几乎垂直。为了到达这样的一条轨道，"尤利西斯"号首先接近木星，然后借助木星的引力调整到太阳极轨上。它由美国"发现"号航天飞机释放后，经过16个月的航行，于1992年2月到达木星轨道，探测了木星强大的磁场及辐射数据，并探测到了尘埃风暴。

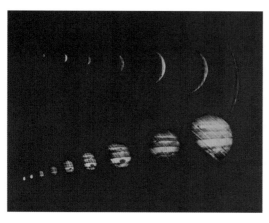

图7-1 人类第一次利用航天探测器拍摄的木星照片
图中从左上到右为"先驱者"10号接近木星时拍摄的影像，所以木星图片尺寸渐渐变大；图中从右到左下为"先驱者"10号离开木星时拍摄的影像，所以木星图片尺寸渐渐变小

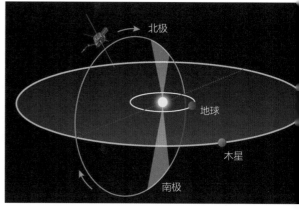

图7-2 "尤利西斯"号的运行轨道平面正交于木星轨道平面，并且两个轨道之间有一个交点，使它有机会探测木星

"卡西尼－惠更斯"号是由NASA、欧空局和意大利航天局联合研制的项目，于1997年10月15日发射升空。在2000年10月1日至2001年3月31日期间，"卡西尼－惠更斯"号途经木星，此时"伽利略"号也在木星轨道上运行，于是两颗探测器获得的木

星数据正好处于同一时间内，所获得的数据具有极大的参考比对价值。

图7-3 "伽利略"号（左）和"卡西尼-惠更斯"号（右）抵达木星

"伽利略"号是 NASA 研制的木星探测器，1989 年 10 月 18 日，"伽利略"号升空，1995 年 12 月 8 日进入木星轨道，就在这之前的一天，它 6 个月前释放的木星着陆探测器已经进入木星的云层中了。

"伽利略"号释放的木星着陆探测器带有隔热保护装置，在高速坠入木星过程中，不断发回木星云层中温度、风速、气压和组成等信息，最后探测器在炽热的大气环境中被熔化和蒸发而消失了。

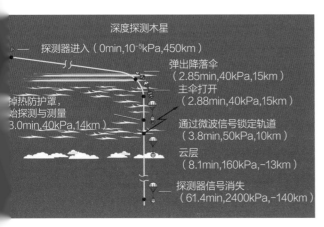

图7-4 进入木星深处的探测过程　　　　图7-5 深入到木星大气层内进行的探测

美国的"朱诺"号是以罗马神话中朱庇特妻子的名字来命名的探测器，它的任务是帮助科学家们了解木星起源和演化情况。它于 2011 年升空，2016 年进入木星轨道，在木星上空 5000 千米的高度飞行，比以前的任何探测器都要接近木星。科学家们通过它了解木星是否存在水和固体内核、内部构造、大气、极光和磁场等。

图7-6 "朱诺"号探测器环绕着木星进行探测

从地球到木星需要多长时间

飞向木星需要多长时间，这取决于探测器的任务。按照任务的不同，可以采用两种不同的接近木星方式：一种是飞越木星，也就是擦边而过；另一种是进入木星轨道，围绕木星旋转。

航天探测器	发射时间	到达木星时间	花费时间	平均时间
"先驱者"10号	1972.3.3	1973.12.2	639天	
"先驱者"11号	1973.4.6	1974.12.4	607天	
"旅行者"1号	1977.9.5	1979.3.5	546天	
"旅行者"2号	1977.8.20	1979.7.9	688天	飞越，大约600天
"新视野"号	2006.1.19	2007.2.28	405天	
"尤利西斯"号	1990.10.6	1992.2.8	510天	
"卡西尼-惠更斯"号	1997.10.15	2000.12.30	1172天	
"伽利略"号	1989.10.18	1995.12.8	2242天	
"朱诺"号	2011.8.5	2016.7.4	1795天	入轨，大约2000天
未来的木卫探测计划	2022	2030	8年	

2 解密木星大气和神奇的木星环

木星是太阳系中依次排序的第五颗行星。木星在椭圆轨道上绕太阳运行，与太阳的平均距离是 7.79 亿千米。它在近日点时同太阳的距离比在远日点相差约 7480 万千米。木星离太阳的距离大约是地球离太阳距离的 5 倍。

在夜晚，因为木星非常明亮，它闪耀着光芒，呈奶油色，所以人们很容易发现它。在太阳系中，仅仅有三颗星球比木星更明亮，它们分别是太阳、月球和金星。

图 7-7 是一张拍摄于 2008 年 12 月 1 日晴朗夜晚的照片，这也是一个难得的情景，金星、木星和月球组合，形成了一张笑脸夜空，下一次这样巧妙地组合在一起将是在 2054 年。

图7-7 金星位于左上，木星位于右上，月球位于下方

1903 年，美国天文学家乔治·霍夫认为木星是由一层很厚的气体组成的，这层气体在木星深处因为高压而转换成液态形式存在。这是人类第一次提出木星是一团巨大的气体而不是一个被稀薄大气包围的固体。后来，天文学家们经过观测证明，木星是一个具有石质内核的气态行星，从星体结构上看，它包括四个层面。

① 木星的中心是固态内核，其质量相当于地球质量的 10 ～ 15 倍，尽管内核温度达到 30500 摄氏度，但由于压力很高，所以仍然存在固态的放射性金属、岩石和冰晶体。

② 邻近内核的外层主要由液态金属氢组成，它不仅是木星质量和体积的主导者，还是木星磁场的创造者。这一层还含有一些氦和微量的冰。

③ 再向外层则是分子氢和氦所构成的"超临界状态"层。在这里，氢和氦处于超临界流体状态，它们运动流畅，但不是气体。这里的超临界流体没有表面张力，并且可以像气体般在给定容积内自由扩散。

④ 木星的最外层由气态氢和氦组成，而且越往中心方向深入，密度越大。

天文学家们将木星的大气层从底向顶，分为对流层、平流层、增温层和散逸层，每一层都有各自的温度梯度特征。最底层的对流层是云雾，呈现一种朦胧的美；最上层的氨云是可见的木星表面，组成了 12 道平行于赤道的带状云，并且被强大的带状气流分隔着。

这些交替的云气有着不同颜色，使木星的表面呈现出深浅不一的条纹。其中，"暗的云气"称为"带"，而"亮的云气"称为"区"。"区"的温度比"带"低，所以"区"是上升的气流，而"带"是下降的气流。

木星表面大气层是顽皮的，它可以制造不稳定的带状物、旋涡、风暴甚至闪电。旋涡自身会呈现巨大的红色、白色或棕色的斑点，其中大红斑是最大的斑点之一。

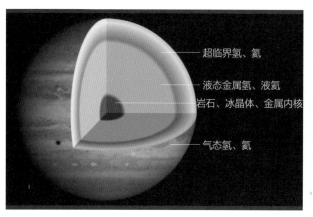

图7-8 木星的内部组成　　　　　　　图7-9 木星云图

木星最明显的特征就是表面覆盖着厚厚的多彩云层。多彩云层可能是由于大气中化学成分的微妙差异及其作用造成的，其中可能存在硫的混合物，造就了五彩缤纷的视觉效果，但是其详情仍无法知晓。这些云层就像是木星上的一条条绚丽的彩带，色彩的变化与云层的高度有关，最低处为蓝色，接着是棕色与白色，最高处为红色。

近距离观测木星，会在木星赤道南部发现一个巨大的红色卵形区域，被称为"大红斑"。科学家们研究认为"大红斑"是一个比地球还大的巨大旋涡风暴，它已经存在了至少200年，甚至更长时间。

图7-10 木星的"大红斑"

图7-11 哈勃太空望远镜在2016年
捕获的木星紫外线观测极光

图说星球：
探索宇宙和星球起源的奥秘

科学家们在木星表面还发现了一处"大冷斑"。这块斑点温度很低，且位于大气上层，斑点长约 2.4 万千米，宽约 1.2 万千米，比周边温度低得多。不过与"大红斑"不同，"大冷斑"的形状和规模在不断变化，它由木星极光的能量所生成。

木星上的风暴速度是非常快的，而木星赤道则是风暴速度最快的地方，甚至可达到 650 千米每小时。

木星因为自转很快，在大气中产生了与赤道平行且明暗交替的气流带纹。其中，亮带纹区域中的气温相对较高，并且该处的云层和气体正在上升；而暗带纹区域中的气温相对较低，并且该处的云层和气体正在沉降。由于云层和气流的不断上升与沉降交替运动，便形成了强烈的对流，进而导致如此强大的风暴。

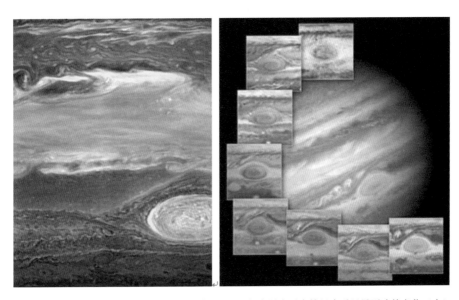

图 7-12   木星上的风暴云图（左）、1992 年—1999 年木星上巨大的红点受风暴影响的变化（右）

木星的大气云层非常厚而且浓密，主要由氢和氦两种元素构成，这两种元素的比例类似于其在太阳中的比例。除此之外，木星大气层还含有少量的甲烷、氨、硫化氢和水。

深空探测器发现木星的云顶类似一个固体表面，但是人们无法站立在木星表面上。虽然木星表面有一层厚而浓密的大气层，但并不能支撑人站在上面。

木星与太阳的距离比地球与太阳的距离远得多，它接收到的太阳辐射能量也少得多，表面温度理所当然要低得多。根据测算，木星表面的温度比地球大约低 89 摄氏度。

木星向外辐射的能量，比起从太阳吸收到的能量要多。木星内部很热，它的内核处可能高达 20000 摄氏度。虽然木星的内部热量使木星表面的气流变暖并上升，但这些气流在上升的过程中逐渐冷却，进而产生了风暴，其中的一些风暴会持续上百年。

木星上的天气是多变的，对比 2009 年 6 月和 2010 年 5 月拍摄的木星照片，可以发现木星南赤道表面的云带逐渐消失了。天文学家们认为这个发光的南赤道带是由于大气的变化而消失的。

图7-13　木星表面的风暴

图7-14　木星表面（左图于 2009 年 6 月拍摄，
右图于 2010 年 5 月拍摄）

通过观察发现，随着南赤道带的消失，木星上的大红斑开始靠近北赤道带。另外，天文学家们认为木星的大红斑是已经持续上百年的强大风暴，它覆盖的面积比地球2倍还要大，目前似乎正在萎缩。自 2008 年以来，随着南赤道带消失，其他的小红斑变化似乎也缓慢了。

以前天文学家们并不知道木星周围的光环，直到 1979 年 3 月"旅行者"1 号探测器穿越木星赤道平面时，才发现木星和土星一样也拥有光环。4 个月之后，"旅行者"2 号探测器飞临木星证实了这一结论。于是，天文学家们确认了木星的确有光环的事实。

天文学家们经过努力研究，发现木星实际上有四个弥散透明的光环。其中，最亮的那个被称为主环，亮度稍弱的被称为光环，两个亮度最弱的被称为薄纱光环。在亮度上，所有这些环都比土星环微弱。天文学家们认为，木星的这些光环应该是由木星的卫星和附近的小流星之间碰撞出的尘埃和碎石形成的。

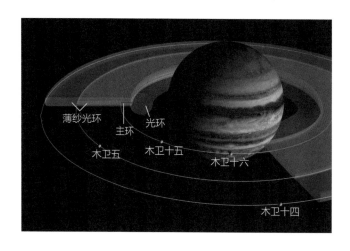

图7-15　木星的光环及其内部的卫星

木星的邻居是小行星，它们是亿万年前太阳系形成初期遗留下来的不规则形状的天体。科学家们估计木星轨道附近的小行星数目应该达到数百万。最早发现有谷神星（Ceres）、智神星（Pallas）、婚神星（Juno）和灶神星（Vesta），是小行星中较大的四颗，被称为"四大金刚"。

多数小行星由金属或岩石材料组成，或者由含丰富碳的矿物质组成。类似于太阳系中的行星，小行星也是围绕太阳旋转的，但是它们不具备行星的其他特征，如被大气层所包围等。

小行星的尺寸从965千米到10米不等，一些尺寸较大的小行星周围还有自己的卫星。

图7-16 "伽利略"号于1993年拍摄的小行星Ida和它的卫星Dactyl

木星的基本参数

赤道直径	142984千米	自转周期	9小时55分钟
质量（地球=1）	318	公转周期	11.86地球年
赤道重力（地球=1）	2.36	云顶温度	-108摄氏度
到太阳的距离（地球=1）	5.20	自转轴的倾斜角度	3.1度

木星与地球参数对比

木星是巨大的。事实上，木星是太阳系中最大的一颗行星，其形状是一个扁球体，它的赤道直径为142984千米，是地球的11.2倍。

不仅如此，木星也是太阳系中质量最大的一颗行星。它有着巨大的质量，是太阳系其他七大行星质量总和的2.5倍还多。

就木星未来的演变趋势来看，其很可能成为太阳系中与太阳分庭抗礼的第二颗恒星。不过尽管木星是行星中最大的，但跟太阳比起来又小巫见大巫了，其质量也只有太阳的千分之一。事实上，科学家们认为假如木星的质量能够再增大100倍，那么它很有希望成为一颗恒星。据研究，30亿年以后，太阳就到了它的晚年，木星很可能取而代之。

图7-17　如果把木星看作是一个空心球，那么它里面能够容纳1200多个地球

图7-18　木星与其他行星的比较

3　敢于竞争太阳的中心地位

木星是在太阳之后形成的，大约是46亿年前。当然，科学家们没有任何木星样品，甚至没有来自木星的陨石，那么，人类如何获取木星的信息呢？天文学家们期待着航天器继续探测木星，帮助它们解开木星未解之谜。

按照太阳系形成理论，在太阳形成初期，由于宇宙里的冰块、尘埃粒子的旋转和塌陷，进而扎堆形成越来越大的碎片，其中的一些碎片继续组合，导致木星及其他行星的形成，还有一些小的碎片独立存在，形成了围绕太阳旋转的陨石。离太阳近的行星，因为那里比较热，所以一般由岩石和金属组成；离太阳远的行星，因为那里比较冷，所以一般由气体、冰块及岩石组成。

最新发现，由于太阳风的作用，很多气体和尘埃进入外层太阳系，在木星和土星的引力作用下，形成了今天人们看到的木星和土星周围被厚厚气体包围着的现象。

美国的肯尼思·富兰克林和伯纳德·伯克发现了来自木星的无线电波脉冲，也称为同步辐射。这种类型的辐射是由高速电子在磁场中自旋发出的，这一发现表明木星存在磁场。在太阳系中，有六颗行星有

图7-19　木星保留着太阳系早期的秘密

磁场，它们分别是水星、地球、木星、土星、天王星和海王星。在这六颗行星中，木星的磁场是最大和最强的，其赤道附近的磁场密度为4高斯，比地球磁场大十倍。木星的磁气圈也大得惊人，它的范围甚至超过了木星的环系，半径约为640万千米。

类似于地球的磁气圈，太阳风作用在木星的磁气圈上，也会将木星的磁气圈吹出一个长长的尾巴。由于木星的磁气圈范围很大，所以形成了很长的尾巴，大约为6000万千米，甚至超过了土星运行的轨道。

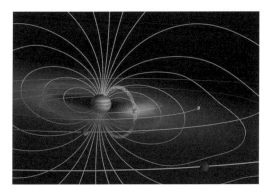

图7-20　木星周围的磁场

木星的强大磁场是由木星内部液态金属氢的对流运动（速度为1厘米每秒）而产生的，同时将木星自身产生的热量带走。木星磁场强度比地球磁场强度大20000倍，所以在木星附近也有类似于地球的范艾伦辐射带。其高能电粒子束与地球相比，也有很多共同特征，但不同于地球，如低频的无线电波可能来自"木卫一"和"木卫二"。

范艾伦辐射带，是指在地球近地空间中存在一个包围着地球的高能的电子辐射带。这个高能的电子辐射带是由美国物理学家范·艾伦最先发现的，并以他的名字命名。目前，人类对于木星的范艾伦辐射带了解甚少，只有"伽利略"号探测器环绕着木星的大气层进行长达8年多的探测，并发射自身携带的探测器进入木星的内部进行探测，测量到关于木星内部磁场的电子辐射运动信息。

图7-21　木星磁场中的范艾伦辐射带

图7-22　"朱诺"号探测器飞越木星的范艾伦辐射带

1994年，一颗名为"苏梅克 - 列维9号"的彗星断裂成了21个碎块。其中，最大的一块宽约4千米，并以60千米每秒的速度向木星撞去。

据天文学家们推测，这颗彗星环绕木星运行大概有一个多世纪了，但由于它距离地球太远、亮度太暗，人们一直没有发现它。而它真正的家是在柯伊伯带里，由于过往星体产生的引力摄动的原因，不时有一些彗星脱离柯伊伯带，"苏梅克-列维9号"彗星就是被木星引来的一位"不速之客"。

这次彗木相撞的撞击点正好是面向地球面的背面，所以在地球上是无法直接看到的，但由于木星的自转周期为9小时55分钟，撞击点可以随着木星的快速自转运行到面向地球的位置，所以人们每隔20分钟左右就能看到撞击后出现的蘑菇状烟云。

图 7-23 "苏梅克-列维9号"与木星相撞

木星有16颗直径至少为10千米的自然卫星。除了这些大卫星，木星还拥有许多小卫星。在最新的一次统计中，木星拥有的自然卫星总数累计已达79颗，成为太阳系中拥有最多自然卫星的行星，并且天文学家们仍在继续观测更多的木星卫星。

木星卫星种类很多，其中一些还具有大气层，这些卫星都有自己的特点，它们的大小、颜色和密度都不一样。由于木星拥有的卫星不仅数量多，而且类型各异，天文学家们有时会认为木星连同它拥有的卫星就是一个名副其实的小太阳系。

木星有四颗比较大的卫星，用普通望远镜在地面就可以观察到它们。1610年，意大利天文学家伽利略使用自制的望远镜观测木星，随后发现了木星的四颗卫星，不久后被分别命名为木卫一（Lo）、木卫二（Europa）、木卫三（Ganymede）和木卫四（Callisto）。这四颗卫星后来被称为"伽利略卫星"。

木卫一的直径是3643千米，是伽利略卫星中最靠近木星的卫星。与太阳系中其他星体相比，木卫一拥有最频繁的火山活动。

木卫二表面有一个薄薄的冰外壳，它的直径是3122千米。

木卫三是目前太阳系中已知的最大的卫星，它的直径是5262千米。

木卫四是伽利略卫星中距离木星最远的卫星，它的直径是4821千米。它的表面显得十分古老，而且都是环形山，就像月球和火星上的高原。

图 7-24　木星的伽利略卫星群

木星、土星、天王星和海王星统称为类木行星（Jovian planet），它们的共同特点是组成成分类似，主要由氢、氦、冰、甲烷、氨等构成，而石质和铁质只占极小的比例，它们的质量和半径均远大于地球，但密度却较低。

类木行星有三个特征：一是具有行星环的结构；二是星体的密度较低，如土星的密度甚至比水的密度还要低；三是具有比较多的卫星，有些卫星周围还有一圈圈光环，其中木星的卫星最多，因为在它们之中，木星的引力最大。

图 7-25　太阳系中的类木行星

4　"行星连珠"的形成及其背后的故事

图 7-26　2021 年 8 月 19 日的"五星连珠"奇观

"行星连珠"是一种天文现象，那么什么是"行星连珠"呢？"行星连珠"就是几颗行星处于一条直线上，根据行星数量的不同，可以称为"五星连珠""七星连珠"和"八星连珠"。2021 年 8 月 19 日，夜空中上演罕见的"五星连珠"奇观，即时，水星、金星、土星、火星、木星五颗行星由西往东依次排开，几乎连成一条线。

通常，太阳系中的八大行星分布在不同的轨道上，这八颗行星轨道处在一个圆平面上，以不同的速度围绕着太阳公转。

行星	轨道半径	公转周期	行星	轨道半径	公转周期
水星	5791万千米	87.97地球日	木星	77833万千米	11.86地球年
金星	10821万千米	224.70地球日	土星	142940万千米	29.46地球年
地球	14960万千米	365.24地球日	天王星	287668万千米	84.30地球年
火星	22794万千米	686.98地球日	海王星	450400万千米	164.80地球年

从科学角度看，"五星连珠"的发生就很容易理解了。例如，水星公转一周大约需要88天、金星需要225天、火星需要687天、木星需要4333天、土星需要10760天，所以只要求出这五个数字的最小公倍数，就会得出发生"五星连珠"现象所需的天数。如果按照数学计算结果，这个数字则是一个真正的天文数字，但人类观测"五星连珠"的要求并不要求那么精确，只要五大行星的视角不超过30度，甚至不超过45度，都算是"五星连珠"。所以，从人类观测角度，发生一次"五星连珠"现象就很容易了。

5 地外海洋探索：微型传感游泳机器人

人类社会的所有研究，无论是社会科学，还是自然科学，都有一个共同的目标，就是回答生命来自哪里？从目前的研究成果看，科学家们普遍认为地球形成于46亿年前，生命诞生于38亿年前。当地球的陆地上还是一片荒芜时，在咆哮的海洋中就开始孕育了生命最原始的细胞。

随着人类文明的进步，特别是航天时代的到来，航天器发现太阳系中有很多冰球天体下覆盖着广阔的海洋，人类通过雷达、天文望远镜、光谱分析仪和探测器等手段初步确定一些可能存在地外海洋的天体，如木卫二、木卫四、土卫二、土卫六等。科学家们推断，这些天体的海洋环境，为生命提供了适宜生存的栖息地，所以，科学家们认为在这些海洋里可能寻找到地外生命。

图7-27　木卫二

（1）一种软体的机器鱼

科学家们设想，一种软体机器鱼能像鳗鱼那样游动，可以不依赖太阳能或核能系统，也不接收来自地球的燃料，而是完全依靠环境中现存的资源产生能量，或许可通过电解地外海洋的液体来获取电能。

科学家们构想，氢气和氧气的混合物将存储在机器鱼身体内，产生火花，点燃气体，传递到机器鱼的各个部位，气体的膨胀和压缩则会驱动机器鱼的运动。此外，机器鱼将配备可伸缩、发光的皮肤，能够照亮周围的环境，还能根据情况在水下拍照。

这种机器鱼的部署需要在木卫二上钻一个冰窟窿，然后释放这种软体机器鱼进入木卫二的地下海洋。

（2）一种微型传感游泳机器人

科学家们针对木卫二冰壳下的海洋探索任务，提出了一种微型传感游泳机器人设想，这种机器人属于厘米级（长25厘米）的机器人，其外形呈鱼雷状，内部配备四个关键子系统：科学仪器（微机电系统传感器、光谱仪、摄像机）、执行器（超声波装置、压电装置、电机）、通信系统（超声波装置）和能源系统（电池、能量存储单元）。

微型传感游泳机器人既可以采用单个形式部署，也可以采用集群形式部署。这种微型传感游泳机器人是通过热机械钻探，到达木卫二的数千米冰层之下，对其海洋环境进行取样和分布式测量，实现对木卫二海洋环境的勾画。另外，这种微型传感游泳机器人一旦到达或者锚定于海洋冰层交界区，其灵活性将受到限制。

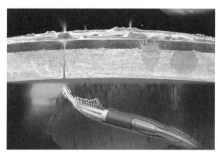 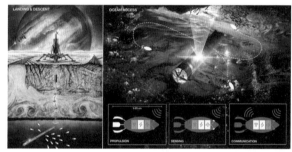

图7-28 运行在地外海洋中的 软体机器鱼（想象图）

图7-29 利用热机械钻探，将微型传感游泳机器人群 部署到千米深的木卫二海洋里

（3）面临的问题

从总体设计角度来看，首先需要了解木卫二的工作环境，如飞往月球，就需要了解月球环境，掌握月球物理参数。目前，人类对气体行星了解甚少，如果要向木卫二和土卫六派遣机器鱼（水下机器人），首先要知道这些地外海洋的环境、海水成分和密度等物理参数。对于地球而言，水下机器人技术是比较成熟的，但移植到地外海洋，还有很多问题需要探索清楚，才能成功。

探索地外海洋，无论是软体机器鱼方案，还是微型传感游泳机器人方案，如果未来成为现实，将会给人类揭示出无数的奥秘。

土星

土星直径为120536千米，
土星环的直径为270000千米。

地球直径为12756千米。

土星到太阳的距离排在太阳系第六位，是气态巨行星。在中国，"土星"是古代人根据五行学说，即木青、金白、火赤、水黑、土黄，再结合肉眼观测到的土星颜色来命名的。在国外，土星的名称是来自神话传说，采用罗马神话中的农业之神的名字，即Saturn。Saturn统治的时期是昌盛时期。

大气层
主要是氢气（96.3%）和氦气（3.25%），并含有微量的甲烷和氨。

巨大的环系
几乎全部是由直径小于10米的冰块组成。

微小的岩石和金属内核
土星的固体内核可能有地球那么大，它被厚厚的一层金属氢包围着。

发现达人

发现土星
大约在公元前700年，亚述人最早记载土星。后来，罗马人发现这是一颗行星，并命名为"Saturn"。在古代两河流域，土星被认为是身背弓箭的"尼奴塔神"。

托勒密观测土星
罗狄斯·托勒密是古希腊天文学家，建立了"地心说"模型。他认为土星是一个水晶球，是围绕地球旋转的五个已知行星中速度最慢的行星。

用望远镜观察土星
1610年—1623年，伽利略用自己研制的望远镜观察土星，感到非常迷惑，并把土星的光环误认为是两颗卫星。

土星年

土星与太阳的最近距离大约为13.5亿千米，平均距离是14亿千米。土星绕太阳旋转一圈是29.46个地球年。

土星天

土星的自转非常快，所以看上去它就像一个固体球。

科学家利用一种特殊的工具，确定出土星绕其自转轴旋转一周为10小时39分钟，即一天。

土星的引力是地球的1.06倍。

土星是否存在生命?

土星上的环境很难支持有生命的物质存在。"土卫六"的大气层环境类似于地球，也许可以支持生命存在，但目前还没有得到证明。"土卫二"也有可能支持生命存在。

土星卫星

人类已经发现了至少62颗土星卫星，另外，土星还有至少几十亿颗直径约100米的微小卫星，这些微小卫星运行在土星的光环轨道上。

2006年"卡西尼-惠更斯"号发现"土卫二"有水蒸气喷射

发现"土卫六"

克里斯蒂安·惠更斯是荷兰天文学家。1655年，他发现了在土星的旁边有一个薄而平的圆环。同年，他发现了"土卫六"。

发现四颗土星卫星

乔凡尼·多美尼科·卡西尼是一位法国天文学家。1675年，他发现了土星的四颗卫星（"土卫八""土卫五""土卫四""土卫三"）。

发现土星风暴

威尔·海伊是一位英国天文爱好者。1933年，他发现了土星上的一个巨大的白色爆炸。天文学家证实他看见的情景类似土星风暴。

第八章
从地球
到土星

土星是太阳系中最漂亮的行星，特别是冲日之前，土星看上去更是漂亮无比，给人一种美好的感觉。自从天文学家伽利略于 1610 年首次发现土星以来，天文学家们一直希望飞到土星去看看。1979 年，当第一颗探测器到达土星时，人类终于获得接近土星的机会了。

1　跟着探测器飞向土星

"先驱者"11号于1973年发射,首先飞越木星,然后利用木星重力进行变轨,飞向土星,并于1979年9月1日抵达土星。在距离土星表面22 000千米高度,首次拍摄了当时最清晰的土星照片,同时还发现了人类未知的土星环。

图8-1　"先驱者"11号拍摄的土星和土卫六　　　　　　　图8-2　"旅行者"2号拍摄的土卫二

"旅行者"1号于1980年11月12日通过土星,在距离土星124 000千米的高度,拍摄了大量土星照片并发回地面。它还通过了土卫六,发回了一些迷人的土星环图像,然后"旅行者"1号离开土星,朝天王星方向飞去。当"旅行者"1号离开土星后不久,1981年8月26日,"旅行者"2号也来到了土星。"旅行者"2号飞越土星,除了从距离土星100 800千米处观察了土星之外,还飞越了土星的几个卫星,如土卫二、土卫三、土卫七、土卫八、土卫九等。之后,"旅行者"2号又借助土星的引力,提升了自己的轨道,飞向了去往天王星和海王星的道路。

这之前飞越土星的探测器对科学家们研究土星是有所帮助的,但是为了真正研究土星,NASA、欧空局、意大利航天局又研制了"卡西尼-惠更斯"号,"卡西尼-惠更斯"号于2004年抵达并进入了土星轨道。作为其任务的一部分,"卡西尼-惠更斯"号携带了专门探测土卫六的"惠更斯"号探测器。"卡西尼-惠更斯"号发现了非常多的土星奥秘,如土卫二的喷泉、土卫六的海洋和海洋上的碳氢化合物,发现土星附近的新卫星和新土星环。

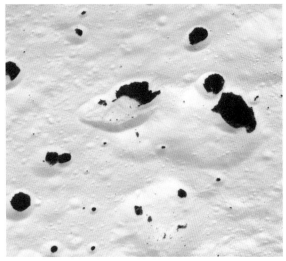

图8-3 "惠更斯"号探测器拍摄的土卫六表面照片（左）和土卫八上消失的冰（右图中黑色）

图8-4 "卡西尼–惠更斯"号探测器（左）和"惠更斯"号探测器（右）

从地球到土星需要多长时间

  飞向土星需要多长时间？这是一个很好的问题，并且有几个答案。这就好比在地球上可以花费不同的时间到达目的地，关键取决于你采取的行走路线。根据旅行方式，人类可以花费不同的时间飞向土星。

  纵观二十世纪的探测器，"先驱者"11号飞行六年零五个月到达土星。"旅行者"1号飞行三年零二个月到达土星，"旅行者"2号飞行四年时间到达土星，"卡西尼–惠更斯"号飞行六年零九个月到达土星，但是"新视野"号飞行两年零四个月就到土星了。

航天探测器	发射时间	到达土星时间	花费时间	到达方式
"先驱者"11号	1973.4.6	1979.9.1	77个月	飞越
"旅行者"1号	1977.9.5	1980.11.12	38个月	
"旅行者"2号	1977.8.20	1981.8.26	48个月	
"新视野"号	2006.1.19	2008.6.8	28个月	
"卡西尼-惠更斯"号	1997.10.3	2004.7.1	81个月	入轨

为什么飞行时间有如此巨大的差距？这里有三个因素可以回答这个问题：第一个因素是探测器是直接发射到土星，还是将探测器发射到其他天体，然后利用其他天体的重力来弹射到土星；第二个因素是推动探测器的发动机类型；第三个因素是探测器需要大量的时间来减速。所以如果一个探测器只是要简单地飞越土星，那就仅仅需要放慢速度，但是如果它是进入土星轨道，则需要更长的时间。

考虑到这些因素，让我们看看前面提到的任务。"先驱者"11号和"卡西尼-惠更斯"号在进入土星之前，利用了不同行星的引力影响而接近土星。显然飞越其他行星，会增加它们到达土星的路程，进而增加飞行时间。"旅行者"1号和"旅行者"2号没有太多地绕飞太阳系，所以它们少走了很多弯路，很快接近土星。"新视野"号与前面提到的所有探测器不同，它具有几个明显的优势，其中两个主要原因是它具有更快、更先进的推进引擎，并且是在沿着土星进入冥王星的轨道上发射的。

"到土星需要多长时间"缺少一个直截了当的答案，即使"新视野"号用了两年多的时间到达土星，但科学家们还是希望设计更好的引擎和更有效的飞行模式来缩短飞行时间。

图8-5 "卡西尼-惠更斯"号进入土星轨道

2 太阳系最漂亮的行星

在太阳系的行星中,土星的光环最惹人注目,它使土星看上去就像戴着一顶漂亮的大帽子,所以,很多天文学家认为土星是太阳系最漂亮的行星。事实上,土星还有一个雅号,人们通常称它为"太阳系中的宝石"。

土星是扁球形的,它的赤道半径与两极半径之差大约等于地球半径,土星质量是地球质量的 95.18 倍,体积是地球体积的 750 多倍。虽然土星体积庞大,但密度却很小,每立方厘米只有 0.7 克。

土星是一颗由大量气体和液体组成的行星,不同于地球,没有固体的表面。但土星中心有一个固体核,是由岩石、或由岩石和冰混合组成的核。也有些天文学家认为它是由熔化的岩石和金属组成。它的中心核由液体层包围着,液体层由气体层包围着。所以土星共有三层:固体核、液体层和气体层。

图 8-6 土星的内部组成

土星是以椭圆轨道绕太阳运行的,它与太阳的最近距离大约为 13.5 亿千米,平均距离是 14 亿千米。土星冲日是指土星、地球、太阳三者依次排成一条直线,冲日时土星距离地球最近,也最明亮。

土星绕太阳旋转一圈是地球的 29.46 年,即土星年。因为土星距离太阳比较远,所以绕太阳转一圈大约是地球的 30 倍时间,每隔 378 天会出现一次土星冲日现象。

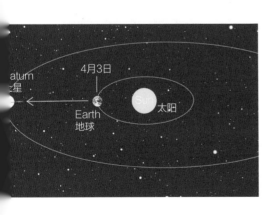

土星的自转非常快,土星绕其自转轴旋转一周是 10 小时 39 分钟。另外,太阳系的行星绕其自转轴旋转得越快,赤道膨胀得越大,所以土星赤道的膨胀比地球赤道的膨胀要大。

图 8-7 2011 年 4 月 3 日土星冲日现象

土星大气以氢气和氦气为主，同时还含有甲烷和其他气体。土星的大气层中还飘浮着由稠密的氨晶体组成的云。用望远镜观测，这些云呈相互平行的条纹状，它的颜色以金黄色为主，其余是橘黄色和淡黄色等。土星的大气层是不透明的，大气的深处是液体，目前科学家们还没有研究清楚土星大气气体和液体的界面在哪里。

在 2005 年，"卡西尼－惠更斯"号探测器接近土星的北极区域，发现土星北极区域呈蓝色天空，类似于地球。科学家们猜测土星北极区域可能缺少"黄云"雾覆盖，也许被氢气所代替。另外，"卡西尼－惠更斯"号探测器还发现土星大气的"蓝云"和"黄云"轮流交换，目前科学家们还不知道这种轮流交换的原因。

图8-8 "卡西尼－惠更斯"号发回来的土星北极照片

如果通过天文望远镜观察，人们可以看到土星表面也有一些明暗交替的色带平行于它的赤道面，色带有时也会出现亮斑或暗斑。与它的邻居木星比较，土星的环好像是色带，即在土星云的顶端，有一个色带。色带的颜色与高度有关，在高端呈现亮黄色，在低端呈现暗黄色。

从地面观测，人们发现土星有五个环，包括 A、B、C 三个主环和 D、E 两个暗环。1979 年 9 月，"先驱者" 11 号又探测到两个新环，即 F 环和 G 环。从最外层的 G 环看，它的直径大约为 384 000 千米，相当于地球和月球之间的距离。实际上，土星的环系已经扩展很远，目前的技术手段几乎很难观察到它的外层边缘。

如果用望远镜观察土星光环，有时你会发现土星光环失踪了，也许你会感到惊讶和迷

图8-9 "旅行者" 2 号拍摄的土星环

图8-10 土星环系的直径相当于地球和月球之间的距离

惑。事实上，在 17 世纪，意大利科学家伽利略就已经发现了这个问题。

伽利略是最早用望远镜观察到土星附近物体的人，但他不清楚土星附近的物质是什么，他认为可能是"土星的卫星"。一天晚上，他突然发现"土星的卫星"消失了，并记录了这一现象，但没有解释这一现象。

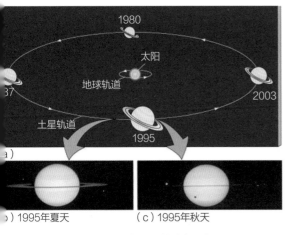

（b）1995年夏天　（c）1995年秋天

图8-11　土星的光环的消失现象

今天，科学家们认为伽利略当时看到的是土星光环的两端，土星光环与土星赤道面是平行的，站在地球上能看到土星光环朝向阳光的一面。当土星运行到不同的位置时，我们的视线与土星光环平面所构成的角度是不同的，每隔 14 年，土星光环的正侧面朝向地球一次，这时，我们只能看见光环的边缘。土星光环虽然很宽，但它的最大厚度却只有十几千米，土星离地球十分遥远，利用最好的天文望远镜，也看不清楚土星光环的边缘。所以，土星光环的消失，是由于从不同角度观察所造成的结果。

就地球而言，我们只有一颗天然卫星——月球。然而，对于土星而言，人类已经发现了至少 62 颗卫星。另外，土星还有至少几十亿颗直径约 100 米的微小卫星，这些微小卫星运行在土星的光环轨道上。

图8-12　2005年"卡西尼–惠更斯"号探测器拍摄的被冰覆盖的土卫二

在土星的卫星中，土卫六（Titan）是较大的，它的直径大约为 5150 千米，比我们的月球大得多，月球直径为 3476.28 千米。

土星上其他卫星也有许多特点。例如土卫二（Enceladus），它是太阳系最亮的星体，这是因为它的表面是冰，几乎将接收到的光线全部反射出去。在 2005 年，NASA 的"卡西尼–惠更斯"号探测器发现土卫六周围有一层稀薄的大气层。事实上，在土星的卫星中，只有土卫二和土卫六是具有大气层的卫星。

土卫六由荷兰天文学家惠更斯于 1655 年 3 月 25 日发现，在土星的卫星中，土卫六是最大的卫星；在太阳系中，土卫六是第二大的卫星（木星的木卫三 Ganymede 是最大的卫星）。土卫六的体积比冥王星和水星的体积大得多。

不同于太阳系中其他的卫星，土卫六具有较厚的和稠密的大气层，比地球的大气层还要稠密。从地球上看，土卫六好像被烟雾遮盖着，呈现朦胧的淡红色。这些朦胧的烟雾是由氮和甲烷组成。科学家们认为土卫六的大气层类似于几十亿年前地球的大气层。

2005 年，"卡西尼－惠更斯"号探测器携带的"惠更斯"号探测器着陆土卫六，使人类第一次探测到了它不寻常的表面。"惠更斯"号探测器还发现它是一个喧闹的地方，这种喧闹的噪声可能是土卫六上的强风所致，因为稠密的大气层，所以可以很好地传播声波。

图 8-13　具有稠密大气层的土卫六

图 8-14　地球（左）、土卫六（中）、和月球（右）的比较

土星的基本参数

在太阳系中，土星是一颗巨大的行星。土星的直径是 120536 千米，木星的直径是 142984 千米，可见土星并不比木星小很多。

赤道直径	120536千米	自转周期	10小时39分钟
质量（地球=1）	95.18	公转周期	29.46地球年
赤道重力（地球=1）	1.06	云顶温度	-140摄氏度
到太阳的平均距离（地球=1）	9.33	自转轴倾斜角度	26.7度

土星与地球参数对比

地球的直径是 12756 千米, 几乎是土星的十分之一, 所以, 土星内可以容纳 755 颗地球。与太阳相比, 土星很小, 太阳的直径是 139.2 万千米, 沿太阳的直径可以摆放 10 颗土星。

图 8-15 土星与地球比较

3 土星上有生命和磁场吗?

与其他行星比较, 土星有一个漂亮的环, 尽管木星、天王星和海王星都有自己的环系, 但它们不如土星清晰。所以, 喜欢观看夜空的天文爱好者, 仅仅利用一个小小的玩具望远镜就可以看见土星的环系。土星的密度比水低, 如果放在足够大的海洋里, 土星将会处于漂浮状态。

图 8-16 人们想象在近距离看土星的情景

土星上的环境对生命是不友好的, 由于它没有氧气且拥有极端的温度情况, 在它上面不可能存在任何生命。虽然, 我们并不太了解土星的内部, 且是从目前的观察数据分析, 它上面很难有支持生命的物质存在。

土卫六上面的大气层环境类似于地球, 也许可以支持生命存在。土卫六的环境适合复杂的有机分子存在, 所以或许存在一些有机生命体, 但目前还没有得到证实。

土卫二也有可能支持生命存在。2006 年, "卡西尼－惠更斯"号探测器发现在土卫二上存在液态水, 就意味着土卫二有生命需要的水和大气层, 所以或许它上面存在着生命。

目前, 科学家们的目光多集中在土卫二上。它也是一个被冰覆盖的卫星, "卡西尼－惠更斯"号在 2006 年时发现有大量水蒸气和挥发物从土卫二南极附近的冰火山喷发。

2015 年，NASA 确认土卫二表面冰层下拥有遍布全球的地下海洋，且海洋底部有热泉，是天体生物学中极为重要的研究对象，也是寻找地外生物的最佳地点之一。

图 8-17 "卡西尼－惠更斯"号发现土卫二上有水蒸气喷射

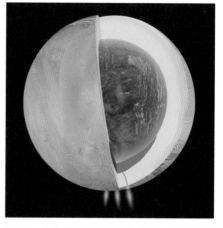

图 8-18 由"卡西尼－惠更斯"号探测器和深空网络的引力测量表明：土卫二南极的水蒸气滔滔不绝，科学家们怀疑冰壳之下有一个大型海洋，海洋底部存在热液活动，而且温度至少可达 90 摄氏度

类似于木星和地球，土星也有磁场围绕着它。在土星上，土星地幔或位于土星核的液态金属氢的旋转产生电流，电流又产生巨大的磁气圈。

土星整个磁气圈具有不同的磁场强度，由于太阳风的作用，将会发生许多自然现象，如极光。极光是由于太阳辐射的粒子流，在土星的磁场环境作用下产生的。类似于地球，在土星的南北极也会产生极光，但是不同于地球，这些极光是不能用肉眼观察到，因为土星极光放射出的是紫外线。

土星的磁场强度比地球磁场强度大六百多倍，但比木星的磁场强度弱 30 倍。天文学家们一直不知道土星上有巨大的磁场，直到 1979 年"先驱者"11 号经过土星时才发现。

图 8-19 哈勃望太空远镜于 1997 年拍摄的土星南北极的极光照片

白色爆炸

威尔·海伊（Will Hay）是英国的知名滑稽演员，也是一位天文爱好者。1933 年，他发现了土星上一个巨大的白色爆炸，好像火山爆发。后来天文学家们证实他看见的

情景类似于 1876 年和 1903 年土星风暴，现在科学解释这种土星上的大白斑点为反复出现的天气特征。

土星是一个风的世界，其云层就是这些狂风造成的，云层中含有大量的结晶氨。在土星的赤道上，风的平均速度是 1600 千米每小时，比地球上龙卷风速度大 3 倍。

土星的风暴一般要持续几个月或几年，有时风暴还能产生光。2004 年，天文学家们跟踪土星上的风暴，命名为恐龙风，发现它产生的光传播很远，在地球上可以看得很清楚。

图 8-20　威尔·海伊（左）和 2010 年 12 月"卡西尼 - 惠更斯"号第一次探测到土星北极处的风暴（右）

4　土木大会合，你应该知道的 9 件事

1　2020 年 12 月 21 日，木星和土星"触碰"，就好像是一颗行星

每年都会发生一些天文事件，人们经常遇到的有日食、火星大冲、蓝月亮、双子座流星雨等，但"土木大会合"确是罕见的。例如，2020 年 12 月 21 日曾发生的"土星会合木星"天文事件，这也是 397 年以来，木星和土星最接近的壮观会合事件，这两颗巨型气态行星几乎"触碰"在一起。

（1）什么是"会合"？

一般来说，"会合"是指两个物体在空间中彼此靠近。在天文学的术语中，"会合"是指从地球上观察到的两颗天体之间最小距离的时刻。按照这个定义，2020年木星和土星的"会合"时刻是在12月21日18：20UTC左右，换算成北京时间则为12月21日14时20分。

（2）木星和土星的"会合"，我们能看到什么？

自2020年9月以来，木星在傍晚的天空中越来越靠近土星。无论你在世界上哪个位置，即使是在光污染严重的城市环境中，这两颗行星的景象也令人印象深刻，日落后很容易找到。

从2020年11月开始的时候，木星和土星的距离相差5度，如果这时你伸出手臂测量，正好是三个中指的宽度。在12月初，这两颗行星距离相差2度，但仍然会继续靠近。在12月21日之前的几天，一轮薄薄的新月在天空中靠近木星和土星，它们看起来就像双行星系统。在西半球，月球在12月16日距离这两颗行星最近。而在东半球，它们在12月17日最接近。

（3）12月21日，木星距离土星只有0.1度

2020年12月21日，木星和土星在黄昏时变得可见，此时靠近北半球的西南地平线，或南半球的西部地平线。这一天，两颗行星经度相同，相距仅0.1度，接近肉眼的分辨极限（当晚木星亮度为-2.0等，土星为0.6等，都位于摩羯星座，傍晚可见于西方低空）。

2020年12月21日的木星和土星会合的天象，是2000年以来第一次会合，也是1623年7月16日以来木星和土星会合到最近距离的一次。这两颗行星于2021年1月在太阳的强光下消失。

图8-22　在2020年12月16日和17日，木星和土星与一轮薄薄的新月会合

（4）为什么会发生"会合"？

太阳系是一个薄盘的形状，八大行星绕太阳运转视为在一个大平面上。天文学家们称这个平面为黄道平面。

在地球上肉眼观测太阳、月球和水星、金星、火星、木星和土星，都在黄道平面上移动。这就是为什么太阳、月球和行星有时在天空中相遇的原因，也称相遇为"会合"。

（5）"会合"多久发生一次？

对于月球而言，"会合"经常发生。当它每月绕地球一圈时，月球会穿过天空中的每一颗行星。当月球经过太阳时，可能发生的是日食。日食不会每月发生的原因是月球的轨道相对于黄道略微有些倾斜，所以月球通常从太阳上方或下方穿越。

但是，木星和土星的"会合"却是相对罕见，大约每20年发生一次。所以，人们常称之为壮观的"会合"。

（6）为什么木星与土星"会合"如此罕见？

按照开普勒第二定律分析，行星和太阳的连线在相等的时间间隔内扫过的面积相等，行星的运行速度随着轨道半径的增加而减小，而木星和土星到太阳的距离相比于其他肉眼可见的行星要远得多，所以它们在轨道上的运行速度更慢。地球绕太阳运行的轨道周期是1年，而木星和土星绕太阳运行的轨道周期分别大约是12年和30年。

由于木星和土星绕太阳运行的轨道周期很长，所以大约每20年木星和土星才会相遇一次。在这段时间里，土星完成其轨道周期的三分之二（因为20年是30年轨道周期的三分之二）。在同一时期，木星先完成一个12年的完整轨道周期，再加上在剩下的8年时间里，完成下一个轨道周期的三分之二（因为8年是12年轨道周期的三分之二）。换句话说，20年是木星在绕太阳运行时赶上并再次穿越土星的时间。

以上数值为圆形轨道，如果按照更精确的椭圆轨道计算，木星轨道周期为11.86年，土星轨道周期为29.46年，所以它们大会合的平均间隔为19.86年。

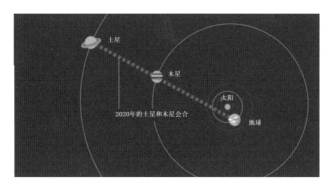

图8-23　2020年12月21日，土星和木星会合

（7）三重会合

偶尔，木星近乎以曲折的方式穿越土星三次，这种现象称为三重会合。这是由于地球自身围绕太阳运动所引起的错觉。

最近的三重会合是在1980年—1981年，当时木星在1980年12月31日穿越土星，然后在1981年3月4日和7月24日又再次穿越土星。

（8）木星与土星会合还将在何时发生？

继2020年之后，木星与土星会合将分别发生在2040年11月2日和2060年4月7日。在这两种情况下，木星和土星的最小距离是1.1度，这意味着它们之间的会合距离将比2020年12月21日木星与土星会合距离大10倍。

2020年木星和土星的"壮观"会合是非常接近的。事实上，在一千年的时间里，从1600年到2599年，只有六次"壮观"会合，木星和土星之间的最小距离小于0.2度分别发生在1623年、1683年、2020年、2080年、2417年和2477年。

（9）木星能否在土星正前面穿过？

木星直接从土星前面穿过，属于罕见的天文事件。这有两种情况：一种情况是木星没有完全遮住土星，称为"木星凌土星"；另一种情况是木星完全遮住土星，称为"木星掩土星"。

在未来的一万年里（一万年对于人类来说是非常漫长的，但对于宇宙而言，却是一瞬间），木星将会发生三次"木星凌土星"的事件，或"木星掩土星"的事件，分别发生在：7541年2月16日（"木星凌土星"）、7541年6月17日（"木星掩土星"）、8674年2月25日（"木星凌土星"）。

5　土卫六不再安静，变形机器要登陆了

变形机器人，在电子游戏或科幻作品中经常出现。所以，在孩童的观念和思维中，变形机器人就是具有穿越各种空间环境能力的超人，无论是高耸的悬崖、广阔的湖泊还是漆黑的海床，它都可以"光临"。

土卫六（Titan）是土星卫星中最大的卫星，也是太阳系第二大的卫星。土卫六是荷兰天文学克里斯蒂安·惠更斯在1655年3月25日发现的，由于它拥有浓厚的大气层，因此科学家们高度怀疑它是一颗有生命的天体。

科学家们推测，探索土卫六不仅有助于人类揭开地球生物如何诞生之谜、研究早期地球是如何形成简单的分子乃至生命，而且还有助于人类发现早期地球的一些痕迹、了解地球早期形成的秘密，所以，土卫六也被称为"时光机器"。

（1）关于变形机器人探索土卫六的设想

土卫六作为太阳系中一颗特殊天体，具有很高的探索价值，但土卫六上的环境非常复杂，因此常规的机器人很难顺利地完成探索任务。例如，土卫六的表面并非一马平川，而是崎岖褶皱，给传统机器人的运动带来了许多艰难险阻。另外，土卫六拥有由甲烷和乙烷混合物质组成的湖泊，这些湖泊的深处也是难以探索的。

尽管变形机器人是一种人类头脑风暴中的产物，但随着科学技术的发展，科学家们希望将它的应用范围延伸到太空探索领域，而且他们相信变形机器人凭借多样的功能性和强大的适应性，一定会很好地实现这种跨越式的应用。

（2）变形机器人的技术特征

从地球到太空，再到土卫六上去，变形机器人或许可以很好地在土卫六上移动，进而帮助科学家们深入了解土卫六。变形机器人具有多环境下的移动能力，它是一种会飞行的多栖机器人，它可以在大气中飞行和飘浮，可以在光滑的表面上滚动，可以在地下空隙（如洞穴）中运动，可以在湖面上漂泊，以及可以在海洋底部岩石林立的环境下移动。

变形机器人是由许多较小的机器单元组成，其中每一个组成单元也被称为合作机器人，许多合作机器人组合在一起形成一个变形机器人，并以不同的运动模式移动。每个合作机器人都遵循尽可能简单的设计原则，并且都是采用几个螺旋桨作为驱动器。

土卫六和地球有相似之处，土卫六表面也有大气层，未来探索前景十分可期，不过要想将变形机器人概念变为现实，各国还需要从技术、应用等方面做出努力。

图8-24　探索土卫六的变形机器人（假想图）

天王星

天王星是太阳系由内向外数的第七颗行星，它的体积在太阳系行星中排第三，质量在太阳系行星中排第四，也是太阳系中密度较小的天体之一。

├── 4个地球 ──┤

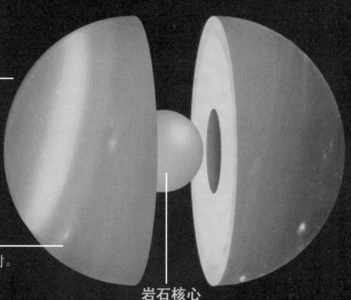

烟雾弥漫的大气
- 约83%的氢气。
- 约15%的氦气。
- 约2%甲烷和乙烷。

地表状况
- 气压：地球气压的1.3倍。
- 云顶温度：–197摄氏度。
- 风暴速度：大约720千米每小时。

岩石核心
天王星的中心可能是一个地球般大小的熔岩核。这颗行星的质量80%以上是水、甲烷以及氨冰的液体混合物。

发现天王星

1690年

发现天王星
约翰·弗兰斯蒂德第一次记录了天王星，他认为天王星是金牛座中的一颗恒星。

1781年

威廉·赫歇尔与天王星
威廉·赫歇尔自己设计望远镜，对天王星做了一系列观察，他感觉它不像恒星，也不像彗星，很像是一颗行星。后来他继续观察它的运动并计算出它的轨道，最终确定它是一颗行星。

1781年

天王星的命名
威廉·赫歇尔发现天王星的消息传到了英国国王乔治三世的耳朵里，因为国王赞助了威廉·赫歇尔的工作，所以，为了感激国王的赞助和支持，威廉·赫歇尔将这颗行星命名为"乔治之星"。

天王星的季节

天王星上大部分地区的每一昼和每一夜，都要持续42年才能变换一次。

太阳照到哪一极，哪一极就是夏季，太阳总不下落，没有黑夜。而背对着太阳的那一极，正处在漫长黑夜所笼罩的寒冷冬季之中。

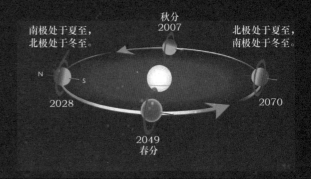

南极处于夏至，北极处于冬至。

秋分 2007

北极处于夏至，南极处于冬至。

2028

2070

2049 春分

天王星的卫星

目前天文学家已经证实天王星有30颗天然卫星存在。

天王星是"屁股"行星

最近，天文学家探测到天王星云顶有硫化氢化合物，这意味着天王星的云层有臭鸡蛋味。

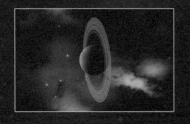

天王星引力是地球的0.89倍

太阳

轨道

自转

天王星的自转轴

天王星的自转轴倾角大约为98度。太阳系中，所有行星在绕着太阳旋转的时候看起来都有点像陀螺，而天王星看起来更像一个圆形滚动的球。

天王星环

目前已知天王星有13个不同的环，除了两个非常窄的环外，其余环的宽度通常有几千米。

1844年

1850年

1986年

计算天王星与发现海王星

约翰·亚当斯仔细研究了当时的观测资料。在计算天王星轨道时，他预测出了有一颗未知行星影响着天王星运行，同时还推算出了未知行星的可能位置。

天王星的更名

天王星最初的命名遭到了天文学家们的反对，因为所有行星都是以希腊神话和罗马上帝的名字来命名的，如"Jupiter"是"Mars"的父亲，"Saturn"是"Jupiter"的父亲。对于天王星，就应该用"Saturn"父亲的名字命名，即"Uranus"。

访问天王星

"旅行者"2号在接近天王星时，拍下了数千张照片。

第九章
从地球到
天王星

自 1986 年 1 月 "旅行者" 2 号探测器近距离飞越过天王星以来，人类已有三十多年没有造访这颗行星了，现有的天王星高清图像也是由那次飞越提供的。据国外媒体报道称：NASA 计划在未来 10 ～ 20 年内展开对天王星和海王星的近距离探测任务。

1 跟着探测器飞向天王星

目前,只有"旅行者"2号探测器访问过遥远的天王星,并发回了大量信息。在1964年,NASA计划发射"旅行者"2号探测器,访问木星和土星。1986年1月24日,"旅行者"2号距离天王星云顶大约81500千米,也是最近距离。

"旅行者"2号拍摄了数千张天王星照片,并取得了大量关于天王星的卫星、光环、大气、内部结构和组成、包围天王星的磁场等方面的科学数据。

"旅行者"2号拍摄的照片显示出天王星的复杂地形表面,发现过去这里发生过频繁的地质变迁。"旅行者"2号还发现了十颗天王星的卫星,同时还发现了两条光环。"旅行者"2号证明了天王星自转一周的时间是17小时14分钟。

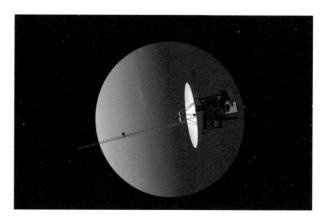

图9-1 "旅行者"2号正在探测天王星

从地球到天王星需要多长时间

2016年1月,NASA庆祝"旅行者"2号成功抵达天王星30年,"旅行者"2号是第一颗访问天王星的探测器,"旅行者"2号飞越距离天王星8.1万千米。天王星仍然是太阳系内已知的最冷的行星,不仅是因为它距离太阳较远,还因为它没有内部能量源。

NASA还打算待"卡西尼-惠更斯"号完成土星探测后,派它飞往天王星。但从一颗行星到另一颗行星通常需要十年时间,所以,NASA直到2017年该探测器坠入土星还没有做出最后决定。

航天探测器	发射时间	到达天王星时间	花费时间	到达方式
"旅行者"2号	1977.8.20	1986.1.24	8年5个月	飞越

2 这颗巨大的气体和液体球

科学家们认为，天王星像外层太阳系空间的其他行星一样，它是一颗由气体和液体组成的星球。天王星不同于地球，它是一颗巨大的气体和液体球，它没有固体的外壳，所以，人们不能在天王星上行走。

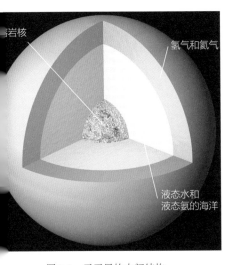

图9-2 天王星的内部结构

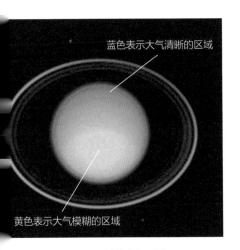

图9-3 天王星的大气环境

天王星的结构包括三个层面：中心是熔岩的核，这个熔岩核的尺寸与地球一样大，它的温度为7000摄氏度；中间层是液体的海洋，由水、氨和其他挥发性物质组成；最外层是氢气和氦气组成的外壳，外层的顶部是由蓝绿色的甲烷晶体组成。

天王星上的冰，不是平时我们看到的冰，地球上的冰是由水转变的，而天王星上的冰是由甲烷组成。甲烷随着温度的变化，也像水一样，可以在气态、液态和固态之间相互转化。天王星表面辐射到空间里的热量几乎等于太阳给它的热量。

天王星是一颗表面光滑的蓝绿色星球，它之所以光滑，是因为它表面被一层很厚的、朦胧的烟雾覆盖着，这层烟雾与汽车放出的尾气一样。当然，天王星上没有汽车，这层烟雾是由天王星大气层中的乙烷引起的。

天王星被大气包围着，大气的主要成分是氢气（约占83%）和氦气（约占15%），其余的是甲烷和乙烷。像其他气态行星一样，天王星也有带状的云围绕着它飘移。

在大气层下面，有一层甲烷云，呈现蓝色。天王星大气层的强风会吹着这些甲烷云围绕整个星球转，形成一种条形图案。但由于引力作用的原因，这种条形甲烷云不会进入大气层。

最近，哈勃太空望远镜发回了近百张天王星照片，从这些照片的分析可以看出，天王星的甲烷云由冰状的甲烷晶体组成。在大气层底部，甲烷晶体有时会形成甲烷（暖和）气泡。

天王星的温度是非常低的，它的云顶表面温度大约是−197摄氏度，但云的内部却很热。

令人惊奇的是，被照射的一侧和黑暗的一侧，其云顶气温几乎一致。

由于上下的温度差别极大，经常产生很强的风暴，风暴的速度大约是720千米每小时。有时风暴在天王星表面形成旋涡，这些旋涡在其他行星上是不存在的。

引发天王星天气变化的原因很多，如天王星的自转轴倾斜角度非常大，太阳有时直射南极和北极，很少直射赤道。在春分的时候，天王星自转轴几乎垂直于太阳光照方向，致使天王星大气温差引发大范围的气流流动。

天王星离太阳较远，所以绕太阳转一圈需要很长时间，它的一年时间相当于我们地球的84.3年。天王星上的一天时间是17小时14分钟，因此它的大气层旋转速度很快。

太阳系的所有行星，都是以椭圆轨道绕太阳转动，但是天王星却是绕着太阳滚动。

通常，行星自转的轴可以想象是从上向下穿过星球，类似一支铅笔穿过一个黏土球，轴的上端是北极，轴的下端是南极。大部分行星的轴都是稍微有点倾斜，不是直接从上到下穿过。但是，天王星的轴却是躺着的，当它绕太阳旋转时，同时也绕它的轴滚动。

天王星的春夏秋冬时间非常奇怪，一般行星自转轴的倾斜角度决定了它的季节。地球的倾斜轴使它在前半年里，北极得到的太阳热量较多，而后半年里，南极得到的太阳热量较多，所以北极是夏天时，南极就是冬秋。地球的赤道可以看成一条直线，一年所有时间所得到的太阳热量是相同的。

在天王星上，太阳轮流照射着北极、赤道、南极、赤道。因此，天王星上大部分地区的每一昼和每一夜，都要持续42个地球年才能变换一次。太阳照到哪一极，哪一极就是夏季，太阳总不下落，没有黑夜；而背对着太阳的那一极，正处在漫长黑夜所笼罩的寒冷冬季之中。整个冬季要度过长达21个地球年的漫长黑夜。只有在天王星赤道至南北纬8度之间，才有因自转轴引起的昼夜变化。

从地球上很难看到天王星，因为它距离我们太远。尽管20世纪人类已经发明了望远镜，天文学家对它有了一定的了解，但还有很多问题有待进一步探索和研究。

天王星与其他七颗行星不同，它的自转轴与太阳系的黄道面倾斜角度很大，约为98度。科学家们认为是在数十亿年前，一颗巨大的行星撞击了天王星而造成的，该行星主要由冰组成，体积跟地球差不多大，撞击天王星后解体。

最近，通过计算机模拟试验结果显示，天王星至少遭受两次撞击后，其自转轴才出现倾斜现象。如果是一次撞击，天王星会拥有与其自转方向相反的公转轨道，因此，两次连续性撞击的可能性最大。

太阳系形成初期，天体间剧烈碰撞的发生是非常频繁的。从未来宇宙发展看，大型天体的撞击不是例外而是常见现象。土星和海王星的形成也有可能是大天体碰撞的结果，因为这两颗行星的自转轴也与黄道面倾斜30度左右。

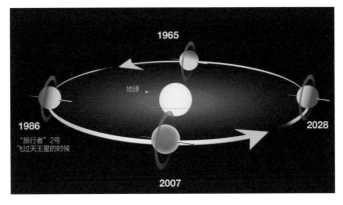

图9-4　天王星绕太阳旋转过程

天王星的基本参数

赤道直径	51118千米	自转周期	17小时14分钟
质量（地球=1）	14.5	公转周期	84.3地球年
赤道重力（地球=1）	0.89	云顶温度	−197摄氏度
到太阳的距离（地球=1）	19.2	自转轴的倾斜角度	98度

天王星与地球参数对比

图9-5　天王星与地球比较

在太阳系中，天王星是第三大的行星，仅仅土星和木星比它大。天王星的赤道直径是51118千米，是土星直径尺寸的一半。

与地球比较，天王星很大，地球的直径是12756千米，大约是天王星直径的1/4。如果把天王星看作是一个空心球，那么它里面能够盛满60个地球。它的质量是地球质量的14.5倍，但它的引力却不如地球大，如果一个物体在地球上称是32千克，在天王星上再称就是28千克。

与太阳比较，天王星很小。太阳的直径是139.2万千米，这意味着在太阳的直径上可以摆放着27个天王星。

天王星距离太阳大约29亿千米，是地球距离太阳的19倍远。由于它的轨道是椭圆形的，所以它有时距离太阳近，有时距离太阳远。在太阳系的行星轨道系里，天王星处在第七位。

3　天王星有哪些卫星？

1986年，"旅行者"2号在飞往海王星的途中，借力天王星飞行，才有机会对天王星进行近距离观察。"旅行者"2号研究了天王星的结构和化学成分，包括由天王星独特的自转轴引起的天气情况。它首次揭示了天王星的5颗大卫星的特征，发现了围绕着天王星飞行的10颗卫星，同时还发现了两条光环。

图9-6　"旅行者"2号告别天王星时拍摄的天王星照片

图9-7　天王星及其卫星（示意图）

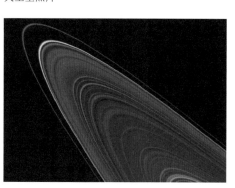

图9-8　天王星的环系

在天王星附近，有一个美丽而又复杂的光环系统，它由十余条光环组成。这个光环系统的空隙和不透明现象，表明它们不是与天王星同时形成，环中的物质可能是来自被高速撞击的陨石或小天体，但唯独最外面的第5个光环成分却是冰块。哈勃太空望远镜发现天王星光环的最外环是蓝色的，次外环

图说星球：
探索宇宙和星球起源的奥秘

图9-9　天王星的卫星——天卫五（Miranda）

是红色的，内环是灰色的。

在天王星光环的明暗区域内，风向是相反的，假如你操纵飞船飞行在光环系统中，你会感觉到一侧和另一侧的风吹得你颠簸不停，所以你必须系紧安全带。

天王星有30颗已知的卫星，但是还有很多没有被发现。直到1986年，即"旅行者"2号访问之前，人类仅仅知道天王星有5颗卫星，天王星的每一颗卫星表面几乎都有很多火山坑。

"旅行者"2号证明了天王星的卫星——天卫五（Miranda）是一颗非常有趣的卫星，它由冰与岩石混合而成，上面有深深的断层峡谷、连排的山脊和巨大的火山坑，比地球上最大的大峡谷还要深12倍。最惊人的是存在着一个巨大的"V"形字母。

天卫六（Cordelia）和天卫七（Ophelia）运行在天王星的光环外，它们的引力使天王星的光环保持一定的环形。

天王星适合生命存在吗？

对于人类和其他生命体，天王星不是一个有魅力的地方。人类需要呼吸，天王星不但没有氧气，而且具有大量对人类有毒的气体。另外，天王星的云顶温度很低，不适合生物存在。

图9-10　天王星的卫星——天卫一（Ariel）

假如天王星的气体没有毒，再假如天王星的云顶温度不是很低，人类在天王星上面居住和站立也有很多问题，因为它没有固体表面，任何着陆天王星的物体都将掉入它的大气，甚至掉入它的液态海洋，被巨大的大气层压得粉碎。

天王星的卫星上也不适合生命存在。尽管它有30颗卫星，但都没有大气层，它们要么是冰球体，要么就是岩石球体。所以，科学家们希望在宇宙中寻找生命，一定不会在天王星及其卫星上。

4 发现天王星的达人

威廉·赫歇尔

很久以前,人们不知道天王星是一颗行星,古人看见天空中有一个亮点,认为它是一颗恒星。在 1781 年,天文学家威廉·赫歇尔(William Herschel)改变了人们的看法,他用自己设计的望远镜"对这颗恒星"做了一系列观察。最初,他感觉"它在接近圆形的轨道上运动,不像是恒星,也不像是彗星,因为彗星是在很扁的椭圆轨道上移动,而且也没有发现它的彗发或彗尾,很像是一颗行星",但他不敢肯定自己的感觉。后来,他继续观察它的运动并计算出它的轨道,最终确定它是一颗行星。两年后,即 1783 年,法国科学家拉普拉斯证实赫歇尔发现的是一颗行星。

图9-11　威廉·赫歇尔最先确认天王星是一颗行星

命名天王星

在 1781 年,威廉·赫歇尔发现天王星的消息传到了英国国王乔治三世的耳朵里。因为国王赞助了威廉·赫歇尔的工作,为了感激国王的赞助和支持,威廉·赫歇尔将这颗行星命名为 "乔治之星"。

尽管当时这是一个很时髦的名字,但遭到了许多天文学家反对。按照传统行星的命名习惯,所有的行星都是以神话中的希腊和罗马上帝的名字来命名的,如木星的英文名字"Jupiter"是 Mars(火星)的父亲,土星的英文名字"Saturn"是 Jupiter(木星）的父亲。按照这样的顺序，对于天王星，就应该用 Saturn 父亲的名字来命名，即"Uranus"。所以，在 1850 年，天王星的名字就用"Uranus"命名了。

虽然天王星没有用英国国王乔治三世的名字命名，但乔治三世仍然对威廉•赫歇尔发现天王星的贡献给予重奖，并称他为天文之父。

太阳系的"屁股"

天王星也称"屁股"行星。为什么天王星会获得这一戏称呢？这要从天王星英文名字的读音和有关它的科学事实说起。

与其他行星的名字起源于罗马神话有所不同，天王星的英文名字"Uranus（乌拉诺斯）"来源于希腊神话最早的神灵之一，也被称为天父。然而，"Uranus"的读音为"Your-anud"，意为 "你的肛门"。因此，天王星成了不少人的快乐源泉。

凑巧的是，最近科学家们发现天王星的大气层富含硫化氢，这意味着天王星是臭鸡蛋味儿的。而牛津大学研究者发表在《自然天文学》上的一项研究更是直接表明，天王星闻起来像人们胃胀气时放的屁。因此，天王星逐渐摘得"宇宙的屁股"这一戏称。

其实，科学家们很早就推测，天王星的云层含硫化氢和氨。这一猜测在后续的科学研究中也得以证实。英国牛津大学的研究人员曾借助夏威夷莫纳克亚山天文台的北双子望远镜，通过改良的新型观测技术，探测到天王星云顶有硫化氢化合物，并且以冰的形式存在，这意味着人类在接近天王星的云层时，势必会感受到来自天王星怀抱的臭鸡蛋味儿热情。但是，人类可能永远不会闻到这颗行星的臭味，这是由于天王星有着不同于地球的大气条件。天王星的大气主要由氢、氦和甲烷组成，云端表面温度更是低至 -197 摄氏度，如果人类暴露其中，会立刻窒息，还没领受到臭鸡蛋味儿的热情就已经死了。

天王星、木星和土星都是气态行星，但木星和土星的云层存在氨，却不存在硫化氢，将天王星与之相比，就会知道它们的形成过程存在差异。这些研究成果还能帮助天文学家们了解早期太阳系的形成过程和演化过程。掩盖在单个行星变化之下的是整个宇宙千百万年来创造的奇迹。

从天王星"屁滚尿流"的英文读音，到科学揭示的真相，天王星用实力证明自己别具一格的"宇宙屁股"的戏称。星海浩瀚，"百闻不如一见"，宇宙中还有更多的可爱之处等着我们一起去探索。

第十章
从地球到
海王星

海王星是八大行星中距离太阳最远的行星，虽然它的直径在太阳系八大行星中排第四，但因为它的亮度不够，仅仅能散发出幽幽的蓝光，所以直到 1846 年才被发现。因为它的颜色像大海颜色一样，所以人们称它为"海王星"。

1　跟着探测器飞向海王星

1989 年 8 月，"旅行者" 2 号探测器飞越海王星，这是人类首次访问海王星。在飞越期间，"旅行者" 2 号探测器发回了大量的海王星照片，与此同时，还发现了 6 颗卫星围绕着海王星。在这之前，天文学家们仅仅知道海王星有 2 颗卫星，它们分别是海卫一和海卫二。科学家们通过分析"旅行者" 2 号发回的照片，更加了解了海王星。特别是发现了海王星的巨型光环及其成分，因为这些光环特别暗淡，从地球上很难看清楚。

另外，"旅行者" 2 号探测器还揭示了海王星卫星中最大和最有趣的海卫一，并发送回海卫一喷射岩泉的照片，照片中展现了大量灰尘进入海卫一的稀薄大气层。

2014 年 7 月 10 日，"新视野"号探测器飞越海王星时，在距离海王星大约 40 亿千米处，差不多是地球到太阳距离的 27 倍，拍摄了数十张海王星的照片。

在未来 10 ~ 20 年内，NASA 有计划对海王星展开近距离探测任务。

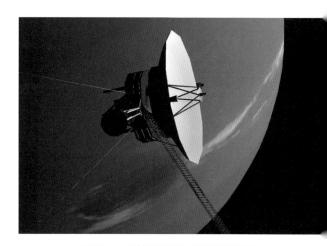

图10-1　飞越海王星的"旅行者"2号

从地球到海王星需要多长时间

海王星距离太阳大约为 45 亿千米，已经超过了探测器利用太阳能的极限，人类制造的探测器通常是利用太阳能作为能源，极限是飞到木星，所以飞往海王星的探测器主要依靠核动力作为能源。

从地球到达海王星需要多长时间，这个问题的答案取决于两个因素：一个因素是探测器发射时海王星和地球的相位，在发射时，如果地球和海王星位于太阳同一侧，探测器可以在较短的时间内到达海王星；另一个因素是从地球到海王星所选用的推进器类型。

航天探测器	发射时间	到达海王星时间	花费时间	到达方式
"旅行者" 2号	1977.8.20	1989.8.24	12年	飞越

图说星球：
探索宇宙和星球起源的奥秘

2　一起来认识这颗动态行星

科学家们对于海王星内部结构的认识来自这颗行星的半径、质量、自转周期和它的引力场以及在高压状态下的氢、氦、水的行为。海王星的内部约占整个星球的三分之二，最外面的一层约占整个星球的三分之一，甲烷赋予了海王星蓝色的外观。海王星的外壳由氢、氦、甲烷组成，质量相当于 1 ~ 2 个地球；外壳下面是一个富含水、甲烷、液氨和别的元素的幔，质量相当于 10 ~ 15 个地球；海王星的核则由岩石和冰组成，质量大概仅相当于 1 个地球。

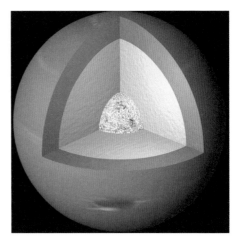

图10-2　海王星的内部结构

海王星是一颗具有几个大暗斑的动态行星，这很容易让人们想起有异常猛烈风暴的木星。"旅行者" 2 号的探测发现海王星上有一个巨大的斑点——大暗斑，它和地球差不多大，与木星上的大红斑有些相似。

"旅行者" 2 号还在海王星上发现了一片小而不规则的云，它以 16 小时左右的周期在海王星表面自西向东运转，这片云就像一片滑动的羽毛。

类似地球上卷云的狭长而明亮的云带，能够在海王星的大气层高处被看见。在海王星的北半球低纬度处，"旅行者" 2 号曾经捕捉到了这些云带在它们下面云盖上的影子。

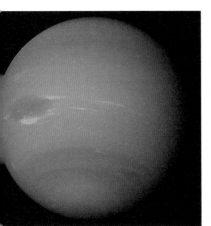

图10-3　海王星上的大暗斑

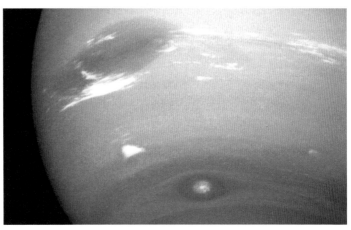

图10-4　海王星表面有一片像滑动羽毛的云

与太阳系中的其他气体星球一样，海王星也有一个光环系统。天文学家们已经计算出它有六个明暗相间的光环，它们围绕着海王星的赤道，光环或许都是由尘埃组成，整体看上去光线都很微弱，但有三个明亮的弧段，外环比内环的其他部分更明亮。科学家们认为明亮的地方是因为有较厚尘埃集中在那里。

1846 年，人们利用反射望远镜曾看到海王星的光环，后来人们推算出该光环的半径为海王星半径的 1.5 倍。1989 年 8 月，"旅行者" 2 号探测器飞近海王星时，发现海王星周围有 3 个光环，而且外光环很不一般，呈明亮弧状，沿弧段周围还有紧密积聚的物质。但有关海王星光环的具体情况至今仍不太清楚，还需要天文学家们进行更多的探测和研究。

图 10-5　海王星北半球在阳光照射下的卷云　　　　图 10-6　海王星的光环

图 10-7　1989 年 "旅行者" 2 号拍摄的海王星光环照片。这三张照片是由 "旅行者" 2 号于 1989 年 8 月 26 日在距离海王星 280 000 千米处曝光 591 秒所获取的。图中海王星的两个主环可以很清楚地被看见。主环内侧的暗环距离海王星中心 42 000 千米。照片中心明亮的光是相机对月牙形的海王星过度曝光造成的。无数明亮的星星在黑色的背景上显得非常引人注目。

另外，海王星的卫星之一——海卫六，是位于外环内轨道的行星，或许由于它的引力作用，使灰尘集中在这三个明亮的弧段上。

海王星周围至少有 13 颗卫星。三颗最大的卫星分别是海卫一（Triton）、海卫八（Proteus）

和海卫二（Nereid）。海王星的其他卫星都相当小，其直径都小于 480 千米。

　　海卫八是海王星的第二大卫星，海卫八是 1989 年被"旅行者" 2 号探测器发现。海王星还有一颗较大的卫星（海卫二），它在 30 多年前被地球上的观察者发现。海卫八在以前没有被发现的原因是它的表面非常黑暗，而且它的轨道非常靠近海王星。海卫八拥有一个古怪的盒子般的形状。天文学家们认为，假如海卫八的质量再大一点，它的自身引力将会使其形状变成球形。

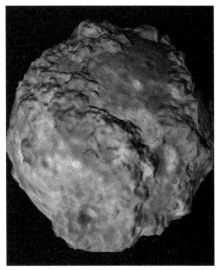

图10-8　海卫一（左）和海卫八（右）

　　海卫一是海王星的最大卫星，直径是 2700 千米。它是太阳系中较大的卫星之一，只有木星的四个大卫星、地球的月球和土星的土卫六比它大。

　　海卫一有大气层，其主要成分是氮气。海卫一还有间歇喷泉，偶尔有氮气和其他物质会从地表下面喷流。海卫一还是太阳系中最冷的球体，它的表面温度为 −235 摄氏度。海卫一绕海王星公转的轨道与海王星自转的轨道相反。这就是为什么科学家们认为海卫一是在海王星形成后很长时间内由海王星引力捕获而来的星体。目前，海卫一的轨道逐渐下降接近海王星，从现在开始的数百万年里，它可能会脱离自己轨道，并且在海王星的周围形成新的环。

图10-9　海卫一表面的喷泉
（天文学家想象的情景）

海王星的基本参数

赤道直径	30775千米	自转周期	16小时7分钟
质量（地球=1）	17.1	公转周期	164.8地球年
赤道重力（地球=1）	1.1	云顶温度	−218摄氏度
到太阳的距离（地球=1）	30.1	自转轴的倾斜角度	28.3度

海王星与地球参数对比

按照天文学家们的计算，海王星质量为地球质量的17.1倍，平均密度为地球的1.5倍，体积也比地球大得多。另外，由于海王星的重力（引力）比地球稍微大一点，所以假如你站在地球上，称得的体重是50公斤，那么你站在海王星上，称得的体重就是56公斤。

另一方面，地球离太阳较近，所以可以充足地吸收太阳发出的能量，并保持近地空间环境的温度。而海王星由于处于太阳系的外层边缘，所以它接收到的太阳能仅仅是地球接收到的太阳能的一部分。如果从海王星上观察太阳，会比从地球上看到的太阳暗淡900倍。

图10-10　海王星与地球的比较（左上为地球，中间为海王星）

图10-11　从海卫一上看海王星的景象

一百六十五年才算一年

　　与太阳系的其他行星一样，海王星绕太阳运行的轨道也是椭圆形的，但海王星的椭圆轨道更接近圆形。海王星离太阳的距离约为45亿千米，由于它距太阳如此之远，所以，围绕太阳公转一圈需要约165个地球年。事实上，自从十九世纪中期以来，即海王星第一次被天文学家发现以来，到2011年为止，海王星才刚刚完成一个轨道运行周期。通常，海王星要经过约165个地球年，才能庆祝一次新年。

　　海王星像地球一样，在围绕太阳轨道运行的同时，还会绕着它的自转轴旋转。海王星自转周期是地球时间的16小时7分钟，即海王星一昼夜时间的长度。

图10-12　海王星的运转轨道

3　海王星适合生命生存吗？

　　科学家们认为海王星或海王星的卫星上存在生命的可能性极小，这是因为海王星的大气层是由有毒气体组成的，大气层的顶端温度极其寒冷，大约 −218 摄氏度。

　　在海王星的内部深处，温度极高，如果存在水或海洋，它们很可能被煮沸，由此导致压力增大，以至于飞船都被举起来，所以不可能存在生命物质。

海卫一是海王星唯一的具有大气层的卫星，但是它非常寒冷，在这里任何有生命的物质都很难生存，它的大气温度相当于地球上南极洲的温度。

另外，科学家们认为，即使宇宙有生命存在，也不可能在海王星附近发现，因为海王星的周围环境不适合生命存在。

图10-13　海王星的周围环境不适合生命存在（假想图）

海王星的命名

天文学家们命名这颗新发现的星球为"Neptune"，是罗马神话中海神的名字。这个名字非常形象，因为海王星看起来是蓝色，很像湖泊或海洋。另外，海王星的卫星也是用神话故事中其他的海神来命名，如海卫一的名字为"Triton"，这是古希腊的一种人身鱼尾形的海神名称。海王星的符号也是传说中上帝携带的一种"三管齐下"的矛。

图10-14　罗马的海神

波塞冬神话故事

海王星名字起源于波塞冬，他是希腊神话中的海神。其象征物为"波赛冬三叉戟"。他的坐骑是白马驾驶的黄金战车，他的武器是三叉戟。

当初，宙斯三兄弟抽签均分势力范围，宙斯抽中天空，黑帝斯抽中冥界，波赛冬则抽中大海和湖泊。

波塞冬不仅权力巨大，而且野心勃勃，桀骜不驯，他不满足于所拥有的权力，他曾与赫拉、阿波罗、雅典娜等人密谋，想把宙斯从他的宝座上赶下来，但阴谋没有得逞，最终反而因此得罪了宙斯，被赶往人间服侍一位凡人。

图10-15　波塞冬

第十一章
从地球到
冥王星

众所周知，16世纪哥白尼提出的日心说，揭开了人类认识宇宙的新视野。但是，在太空探索中，冥王星却一直充满着迷人的故事。

人们普遍认为："行星就是绕着恒星运转、反射恒星光、体积比小行星大。"这样定义行星虽然不甚精确，却可以将我们周围所熟悉的天体进行清楚的分类。但是，随着人类航天能力的发展，这样的定义越来越站不住脚：当深空探测器飞越海王星之外，发现了几百颗天体符合行星条件，如柯伊伯带里有些冰球也符合行星的特征。此外，太空望远镜还发现太阳系之外的许多其他恒星周围的行星，与太阳系行星轨道特征完全不同。

图11-1　太阳系

1　跟着探测器飞向冥王星

探测冥王星的"新视野"号是 NASA 的一项深空探测计划，主要目的是对冥王星、冥卫一、柯伊伯带进行考察。

"新视野"号像一架大钢琴，重 454 千克，载有多种科学仪器，包括冥王星及冥卫一表面成分分析设备、远程勘测成像仪、放射性实验仪器、太阳风分析仪、高能粒子频谱仪、尘埃计数器、探测冥王星大气构成的紫外线成像光谱仪等。为了降低能耗，这些仪器仅仅在工作时才开机，所以总能耗低于一个夜间照明的灯泡。由于"新视野"号越飞越远离太阳，所以不能依靠太阳能提供电力，而是依靠核能提供电力。

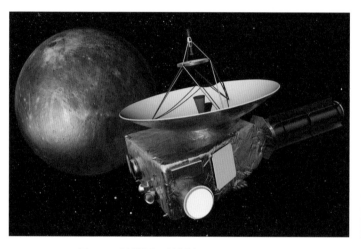

图11-2　"新视野"号探测器

图11-3　2015年7月14日，"新视野"号采用增强彩色图像技术拍摄的冥王星（下）和冥卫一（上）

从地球到冥王星需要多长时间

冥王星距离地球非常遥远，大约为 59 亿千米。如果我们向冥王星发射一个无线电信号，那么它将在 4.6 小时后传到冥王星，强大的哈勃太空望远镜也只能观察到冥王星表面的大致容貌，所以飞向冥王星是人造探测器能走多远的挑战。

当"新视野"号探测器从地球发射后，它的速度是 5.8 万千米每小时，普通探测器在轨道上的速度大约是 2.8 万千米每小时，所以"新视野"号探测器的速度是超级的快。"新视野"号探测器飞往冥王星总共用了 9 年 5 个月 25 天。

为什么"新视野"号探测器飞行这么久?

由于太阳引力的作用,"新视野"号探测器随着飞行时间的积累,速度逐渐降低。它到达木星时,速度降为6.8万千米每小时。然后它又借助木星引力弹射加速,速度增加到8.3万千米每小时,又经过近八年时间的飞行,最终到达冥王星时的速度下降到5万千米每小时。

图11-4 "新视野"号探测器飞行历程

人类还能否更快地到达冥王星吗?答案是肯定的。但这需要增加火箭推力,减轻探测器的有效载荷。同时,这会带来两个问题:一个问题是火箭很贵,大推力火箭相应的就更贵;另一个问题是目前人类还没有掌握接近矮行星的方法,所以需要研究接近矮行星的关键技术。

"新视野"号探测器是飞越冥王星,如果要想接近冥王星,就非常困难了。因为冥王星太小,它的重力不足以捕获这么快的探测器。如果探测器进入环绕冥王星的轨道,需要自带大量燃料用于减速,十分浪费宝贵的资源。

航天探测器	发射时间	到达冥王星时间	花费时间	到达方式
"旅行者"1号	1977.9.5	1990.2.14	12年5个月9天	飞越
"先驱者"10号	1972.2.28	1986.10	14年8个月	飞越
"新视野"号	2006.1.19	2015.7.14	9年5个月25天	飞越

2 这颗被"降级"的特别星球

冥王星距离太阳十分遥远，虽然哈勃太空望远镜拍摄了冥王星最清晰的照片，但也仅能显示冥王星表面的明暗程度，无法了解确切的地貌。冥王星的直径为 2370 千米，比月球还要小。

冥王星的轨道非同一般，冥王星围绕太阳旋转的轨道比其他行星的轨道更"扁"一些，即椭圆的偏心率更大一些。八大行星的轨道都在一个平面内，好像是八个大球围绕着一个圆盘旋转。而冥王星则是在一个倾斜的平面内围绕着太阳旋转，其轨道一部分在黄道之上，另一部分在黄道之下，另外，它的轨道受柯伊伯带影响很大。事实上，正是因为冥王星古怪的轨道，使天文学家们开始怀疑它不属于行星。

冥王星在轨道上的运行周期非常长，它围绕太阳转一圈需要约 248 个地球年，即一个冥王星年。在 1979 年至 1999 年这 20 年期间，冥王星的轨道低于海王星，直到 2200 年以后，还会发生这种现象。

冥王星自转一周相当于 6.387 个地球日，所以冥王星一天时间是非常长的。

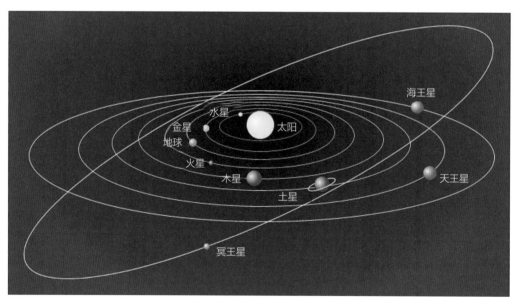

图 11-5 冥王星的轨道

科学家们认为冥王星可能是由冰组成的，并且有一个由铁镍岩石混合成的小核。冥王星周围也有非常稀薄的大气，其稀薄大气成分是甲烷的冰或霜，它被分为透明的上层大气和不透明的下层大气。

由于冥王星距离太阳十分遥远，在冥王星上远望太阳，太阳已经变得像一颗亮星一样了。冥王星的表面因为缺乏热辐射源而十分寒冷，温度大约为 -229 摄氏度。

在地球上，利用强大的望远镜观察，冥王星看起来就像一个模糊的盘子。冥王星呈褐色，表面温度很低。冥王星表面分布着一些亮点，它们可能是极地冰冠，另外还有一些暗点分布在冥王星的表面上。天文学家们认为冥王星被稀薄大气包围着，类似于海卫一的环境，周围的稀薄大气可能是氮气。由于没有详细的可视化数据，目前人们还不知道稀薄大气对冥王星环境有何影响，但根据观察，天文学家们发现冥王星的稀薄大气层正逐渐向外膨胀。

到目前为止，人类已经发现冥王星的 5 颗卫星，分别为卡戎、尼克斯、许德拉、科波若斯和斯提克斯。其中，最大卫星的是卡戎（中译名为"冥卫一"）。卡戎的运行轨道接近冥王星，而尼克斯（中译名为"冥卫二"）和许德拉（中译名为"冥卫三"）的运行轨道离冥王星较远。

卡戎的直径大约是冥王星的一半，其表面积约为 4 580 000 平方千米，上面布满了冰冻的氮和甲烷。与冥王星不同的是，卡戎的表面没有大气层。另外，卡戎的表面没有反射光线，所以不像冥王星分布着许多亮点。

天文学家借助哈勃太空望远镜发现了冥王星的第四颗卫星，这颗小卫星暂时被编号为 P4（科波若斯，中译名为"冥卫四"）。P4 直径估计为 13 ～ 34 千米，相比之下，冥王星最大的卫星卡戎的直径达到 1043 千米，尼克斯和许德拉的直径也在 32 ～ 113 千米之间。

冥王星的第 5 颗卫星是从 2012 年哈勃太空望远镜分别拍摄的 9 组图像中发现的，被编号为 P5（斯提克斯，中译名为"冥卫五"）。冥王星有这么多卫星令科学家们感到好奇。科学家们认为，冥王星第 5 颗卫星能够帮助人们了解冥王星的诞生及演变。

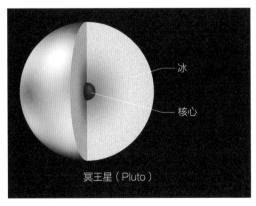

图 11-6　冥王星的组成

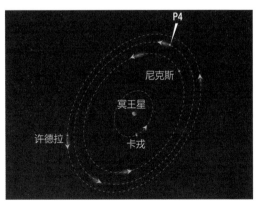

图 11-7　冥王星的周围环境

冥王星的基本参数

赤道直径	2370千米	平均密度	2.03±0.06克每立方厘米
轨道倾角	17.1449度	亮度	-0.8绝对星等
体积	$6.39×10^9$立方千米	大气成分	主要是甲烷、氮气、一氧化碳
质量	（1.305±0.007）×10^{22}千克	表面温度	-229摄氏度
自转周期	6.387地球日	公转周期	248地球年

冥王星与地球参数对比

冥王星质量仅为地球质量的 0.2%，直径也仅有地球直径的 18%，离太阳的距离大约是地球的 39.5 倍。

图11-8　冥王星与地球的比较

3 认识矮行星

2006 年以前，冥王星是太阳系中最后一颗较大的行星，与其他的八大行星并称九大行星。2006 年 8 月 24 日国际天文学联合会大会决议：冥王星被视为太阳系的"矮行星"，不再被视为大行星。这是因为太阳系中有七颗卫星比冥王星大，此外，冥王星的轨道非同一般，它围绕太阳旋转的轨道比其他行星的轨道更"扁"一些。八大行星的轨道都在一个平面内，好像是八个大球围绕着一个圆盘旋转，而冥王星则是在一个倾斜的平面内围绕着太阳旋转。

太阳系行星要符合的条件有：

①行星位于围绕太阳的轨道之上；

②行星须有足够大的质量来克服本身内部应力而达到一种近于球形的平衡形状；

③行星须有足够的引力清空其轨道附近区域的天体。

冥王星不符合上述第三条行星标准，所以国际天文学联合会进一步决议通过"冥王星应该归入矮行星之列"。

图11-9 最近科学家们发现太阳系有七个地球大小的天体，但不能称为行星，因为它们尚未清空其轨道附近区域的其他天体

太阳系分两层，即内层太阳系和外层太阳系。在内层太阳系，仅仅有一颗矮行星，称为谷神星（Ceres）。在木星和火星轨道之间还有大量的小行星，但都不如行星的体积大。

在外层太阳系，国际天文联合会仅仅公布了两颗矮行星，分别是厄里斯和冥王星。然而，在这个区域里，还有几颗星体也符合矮行星的定义，如Sedna 和 Quaoar。Sedna 是于2004 年发现的，其体积是冥王星的四分之一；Quaoar 是于 2002 年发现的，其体积是冥王星的二分之一。在海王星的轨道之外还有 24 颗星体也符合矮行星的定义。

图11-10 柯伊伯带的环境

在太阳系的边界处，有一个很宽的区域，被称为"柯伊伯带"。"柯伊伯"是美国天文学家的名字。柯伊伯带位于海王星的轨道之外，内边缘距离太阳约45亿千米，外边缘距离太阳约75亿千米，在柯伊伯带里布满着直径从数千米到上千千米的冰封物体，是太阳系大多数彗星的来源地。当然，在柯伊伯带和更远之处，也发现了一些矮行星。美国天文学家Brown曾绘制出柯伊伯带星图，在他绘制的星图中包括200多颗矮行星。

在这个带里，冥王星是第一个被发现的星体。天文学家们在1992年后，又发现了其他星体。目前，天文学家们发现太阳系外也有许多冰封物体，有些是圆形，类似于矮行星；有些不是圆形，正在进入柯伊带。冥王星和厄里斯位于柯伊伯带内，属于较大的矮行星。

图 11-11　柯伊伯带

图 11-12　柯伊伯带有大量的矮行星或大块冰块

"厄里斯"星体在冥王星之外运行，它属于矮行星，由冰和岩石组成。从某种意义上看，它和冥王星类似，但有两个非常明显的不同之处。

首先，冥王星是褐色，具有暗点和亮点；而"厄里斯"星体是白色的，整个星体具有单一颜色。另一个不同点是"厄里斯"星体非常亮，它可以像镜子一样反射光线，照射在它上面的太阳光 80% 被反射出来；相比之下，冥王星仅仅反射出来 60% 的太阳光。"厄里斯"星体表面还有一层稀薄的大气，其大气主要成分是甲烷，由于"厄里斯"星体离太阳很远，温度很低，所以其大气层呈现固体冰状，这个冰状大气层构成了光线的反射面。

"厄里斯"星体是人类发现离太阳最远的星体，它与太阳的平均距离约为 101 亿千米，而冥王星距离太阳的平均距离是 59 亿千米。"厄里斯"星体的轨道不同于其他星体的轨道，它的轨道椭圆扁度比较大，其距离太阳最近的点为 57 亿千米，距离太阳最远的点为 145 亿千米。"厄里斯"星体大部分的运行时间是在冥王星轨道的外侧，有时"厄里斯"星体也可以运行到比冥王星更接近太阳的位置。

"厄里斯"星体围绕太阳转一圈需要很长时间，大约是 560 个地球年，也即一个"厄里斯年"。另外，天文学家们目前还不知道"厄里斯"星体怎样自转和公转，但由于"厄里斯"星体是亮白色的星体，所以这非常有助于他们观察和研究，相信在不远的将来会对它有很清楚的了解。

图11-13 "厄里斯"星体的外貌

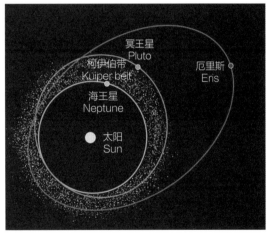

图11-14 "厄里斯"星体的轨道

在国际天文学联合会的决议中，矮行星的首批成员有谷神星、冥王星和厄里斯。我们已经了解冥王星和厄里斯了，下面再介绍一下谷神星。

1801 年元旦之夜，意大利天文学家 Giuseppe Piazzi 偶然发现一颗游动星，并将其命名为谷神星（Ceres）。Ceres 这个名字来源于罗马神话中的谷物女神。

谷神星的平均轨道半径为 2.766 天文单位（1 天文单位约 1.5 亿千米），轨道是椭圆形，与太阳的距离为 2.5～2.9 天文单位，每 4.6 个地球年公转一周（可称为"谷神星年"），每 9.07 小时自转一圈。哈勃太空望远镜拍摄到它表面一些情况，它的形状近于圆球，平均直径为 950 千米，是小行星带中已知的最大和最重的天体，它的质量占小行星带总质量的三分之一。

2007 年 9 月 27 日，NASA 发射了"黎明"号探测器前往探测灶神星（2011 年 7 月抵达）和谷神星（2015 年 3 月抵达），揭示了谷神星的更多秘密。

图 11-15 谷神、谷神星和"黎明"号探测器

4 第一个发现冥王星的天文学家克莱德·汤博

冥王星是在 1930 年由于一个幸运的巧合而被发现的。当时有一个断言（后来被发现是错误的）："基于天王星与海王星的运行研究，在海王星后还有一颗行星。"美国的天文学家克莱德·汤博由于不知道这个错误断言，对太阳系进行了一次非常仔细的观察，然而正因为这样，发现了冥王星。

冥王星刚被发现之时，它的体积被认为比地球大数倍。很快，冥王星也作为太阳系第九大行星被写入教科书。但是随着时间的推移和天文观测仪器的不断升级，人们越来越发现当时的估计是一个重大"失误"，因为它的体积要远远小于当初的估计。2006 年以前，冥王星与其他的八大行星并称为九大行星；2006 年，它被降级成矮行星。

为纪念汤博发现冥王星的功绩，2006 年美国发射的"新视野"号，装载着汤博的骨灰，飞向遥远的太阳系边界，并于 2015 年飞越冥王星。

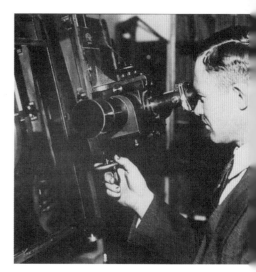

图 11-16 克莱德·汤博

"厄里斯"星体的发现与命名

2005年9月，天文学家们发现"厄里斯"星体的周围有一个卫星，2006年命名这个卫星为阋卫一（Dysnomia）。这是一个非常古怪的名字，但对"厄里斯"星体来讲，它恰到好处。

在希腊神话中，传说珀琉斯国王与海洋女神结婚，邀请了所有的神参加婚礼，唯独没请厄里斯。于是，厄里斯决意报复，暗中把一只金苹果扔在欢快的人们中间，上面写道："送给最美丽的女人"。另外有3个女神，都觉得自己是最美丽的，应该得到这个金苹果，于是争吵起来。在神话中，厄里斯女神挑起了女神们的不和；在现实中，"厄里斯"星体又让天文学家们围绕行星定义争论不休。有些人争论说，"厄里斯"星体应该是第十大行星，因为它比冥王星还大；但其他人觉得冥王星不是一颗非常合格的行星，最后导致冥王星退出行星行列。所以，"厄里斯"这个名字送给这颗矮行星是非常恰当的。

"厄里斯"星体的卫星也以厄里斯女儿的名字"Dysnomia"（阋卫一）来命名。Dysnomia也是希腊神话女神。Dysnomia在希腊语中是"不受法律约束"的意思。

"厄里斯"星体是由美国天文学家Michael Broun、Chadwick Trujillo和David Rabinowitz带领的团队于2003年10月21日发现的。此外，他们还发现许多遥远的星体，包括一些矮行星。他们通过观察天文望远镜拍摄的照片，发现这颗遥远的不动星体。"厄里斯"星体不同于行星、小行星和其他星体，这些星体运动速度很快，所以在不同时刻拍摄的照片，会呈现在照片的不同位置；而不同时刻对"厄里斯"星体拍摄的照片，其基本保持在照片的固定位置。

2005年1月，这颗星体的照片被作为行星刊登在天文世界期刊上，临时命名为2003UB313，后来Broun又将它命名为齐娜（Xena）。2006年，国际天文联合会认定它为矮行星，并命名为厄里斯（Eris）。

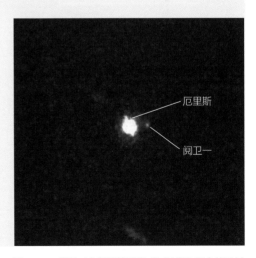

厄里斯

阋卫一

图11-17 利用天文望远镜观察"厄里斯"和它的卫星

陨石 "刺客"

小行星撞击地球，是人们很久以来一直担心的问题。直到20世纪80年代，恐龙灭绝归咎于彗星或小行星的一次撞击时，这一领域才获得了科学上的合法性。

6500万年前

一颗直径约10千米的小行星撞击了尤卡坦半岛的北部，引发一场全球风暴。接着是一阵寒流，最后是导致恐龙灭绝的全球变暖，哺乳动物走到舞台中央。

5万年前

一颗直径几十米的铁陨石，在亚利桑那州凿出了一个直径1.2千米的巴林杰陨石坑。

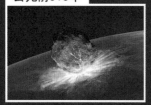

公元前616年

一位中国史官记载了一次陨石撞击后的情景。这块陨石是一块高速穿过地球大气层的小行星碎片，撞击地球后摧毁了一辆战车，并砸死了10个人。

太阳系中的小天体

在太阳系中，有三类英文名称以"M"开头的小天体，经常让人产生混淆。这三类小天体分别是流星体（Meteoroid）、流星（Meteor）和陨石（Meteorite）。流星体、流星、陨石，都是宇宙中的碎片，只是在不同状态与情形下有不同的名字而已。

彗星

彗星是主要由冰构成的太阳系小天体，当其向太阳接近时，会被加热并且开始释放气体。

流星雨

流星雨是在夜空中有许多的流星从空中一个辐射点发射出来的天文现象。

火流星

火流星是在半空中爆炸的火球，通常流星内部的气体在短时间内被迅速加热，导致这些气体迅速膨胀，引起大爆炸。

陨石

对于那些流星、火球、火流星或陨石碎片，它们在穿越大气层并撞击地球或其他行星后幸存下来的物质便成为陨石。

1490年

中国庆阳（现在甘肃境内）发生陨石雨事件，造成大约1万人死亡。

小行星

类似行星环绕太阳运动，但体积和质量比行星小得多的天体。

流星体

流星体是围绕太阳运行的天体，比小行星还小。

流星

流星是指运行在太空的小行星或流星体，受到地球引力吸引，进入地球大气层，并与大气摩擦燃烧而产生的光迹。

火球

火球的亮度与金星相当，比普通的流星更亮，当然也更稀有。

1994年

"苏梅克-列维9号"彗星在数十架望远镜的监视下分裂，然后撞向木星。一颗彗星在木星强大的引力作用下被撕扯成21个碎片。这是人类观测到的最为壮观的天体撞击事件。如果这颗彗星当年撞的不是木星而是地球，那将给地球带来毁灭性的灾难。

20世纪50年代

我国大炼钢期间，广西南丹县的居民上交了一块铁疙瘩。对于这块铁疙瘩，冶炼厂的工人们怎么也熔化不了。后来经过科技人员的检测分析后发现，这块像火龙一样的陨石于1516年从太空陨落到我国的南丹。

1937年

"赫米斯"小行星飞到距离地球70千米处，并在一夜之间越过了地球大半个天空，着实把人们吓了一跳。

1920年

在非洲西北部纳米比亚的小城赫鲁特方丹的霍巴农场里，一名农夫在田间耕作时发现了一块大陨石，后来这块陨石被称为"霍巴陨石"。

第十二章
从地球到
空间小天体

在太阳系中，有三类英文名称以"M"开头的小天体经常让人产生混淆，这三类小天体分别是流星体（Meteoroid）、流星（Meteor）和陨星（Meteorite）。流星体、流星、陨星，都是宇宙中的碎片，只是在不同状态与情形下有不同的名字。

流星体是太阳系内颗粒状的碎片，其尺度可以小至沙尘，大至巨砾，但通常比小行星要小得多。它们并不是按照一定的轨道绕太阳旋转，而是在太空中以任意路径运行。多数流星体是由小行星、彗星、自然卫星等天体撞击分裂而产生的。

流星是流星体进入地球大气层撞击摩擦而产生的光亮现象。流星现象通常发生在大气层高层距地面约50千米的空间。

大多数落入地球的流星体会在大气层中燃烧殆尽，但部分流星体由于体积巨大、抗熔性好或者以特殊角度进入大气层等原因，在大气层中并没有燃烧完，部分残留的碎片落入地球表面，这就是所谓的陨星，也称作陨石。事实上，流星体不仅仅会落入地球，也会落入其他行星、自然卫星以及小行星，从而形成陨石。

图12-1　落到地球的小天体被人们称为陨石

图12-2　流星（左）及铁陨石（右）

1 跟着探测器访问小天体

"国际日地探测器 -3 号"（ISEE-3）于 1978 年 8 月 12 日发射进入日心轨道。它是国际日地探测计划项目中的三颗探测器之一，另外两颗被称为 ISEE-1 和 ISEE-2 的母女对，这个项目是由 NASA 和欧空局共同承担的探测地球磁场和太阳风的任务。

"国际日地探测器 -3 号"是第一颗被部署在 L1 轨道上的探测器，完成轨道任务后，它被重新命名为国际彗星探测器（ICE），于 1985 年 9 月 11 日借助月球重力场的作用，进入太阳轨道与 Giacobini-Zinner 彗星相遇，并穿越彗尾，成为人类第一颗访问彗星的探测器。

1986 年，国际彗星探测器又继续探测了哈雷彗星。2014 年 7 月 2 日，地面控制发动机点火，由于贮箱中氮气压力不足，点火失败。2014 年 9 月 16 日，国际彗星探测器与地面完全失去联系。

根据轨道理论预测，2029 年左右它将再次回到地球附近，或许到时 NASA 的工程师们还会继续操控这颗探测器，挖掘它的新作用。

"乔托"号是一颗圆柱形探测器，直径和高分别为 1.8 米和 3 米，质量为 950 千克。它是一颗彗星探测器，它于 1985 年 7 月发射，1986 年 3 月 13 日抵达哈雷彗星。

很久以来，由于彗核被彗发包围着，地面望远镜无法观测到，所以直到 1986 年之前，没有人知道彗核是什么样子。"乔托"号从距离哈雷彗星彗核 600 千米处飞越，拍摄了大量的哈雷彗星彗核图像。科学家们从它传回的图像和数据分析得知，哈雷彗核是一个长为 15.3 千米、宽为 8 千米的马铃薯块状物体。它的表面是光滑的，由于受太阳光照的影响，不断地喷射出亮晶晶的气体和尘埃粒子。

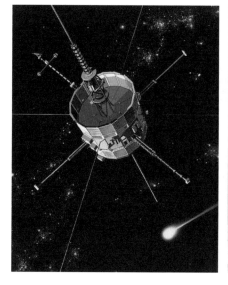

图12-3　国际彗星探测器（左）

图12-4　"乔托"号探测器（右）

图说星球：
探索宇宙和星球起源的奥秘

"星尘"号探测器是美国研发的行星际宇宙飞船，于1992年2月9日发射，任务是探测"维尔特二号"彗星及其彗发的组成。

　　为了成功捕获到来自彗星的尘埃粒子，并防止其挥发，"星尘"号使用了轻质多孔气凝胶材料，将其悬装在形如网球拍状的收集装置上。2004年1月2日，"星尘"号飞越彗星时，从其彗发中收集到彗星尘埃样品，并拍摄了清晰的冰质彗核图像。

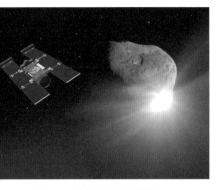

图12-5　"星尘"号探测器

　　2006年1月15日，装载有被科学界称为无价之宝的"星尘"号返回舱与探测器成功分离，并平稳着陆在犹他州沙漠。"星尘"号返回舱的速度达到了12.9千米每秒，刷新了"阿波罗"10号所创造的人造探测器返回地球的飞行速度纪录。至此，总航程达46亿千米的"星尘"号探测器圆满完成既定科学任务，同时也标志着美国宇航局历时7年，利用航天器对彗星进行的首个取样计划完成。

　　"深度撞击"号是NASA为探测"坦普尔一号"彗星任务而设计的。2005年1月12日，这颗探测器携带一个像洗衣机一样大的撞击器成功发射，7月4日，释放撞击器并于次日成功撞击目标彗星的彗核。这枚重372公斤的铜制撞击器伴随着相当于4.7吨TNT炸药释放的能量，实现了人类与彗星的撞击。

　　"深度撞击"号主要由两部分组成：一部分是用于撞击彗核的撞击器，另一部分是在安全距离外拍摄的飞越探测器。撞击发生的同时，飞越探测器在距离彗核500千米处飞掠，并对喷出物、弹坑位置等进行拍摄。

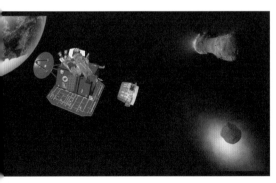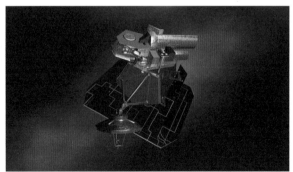

图12-6　"深度撞击"号探测器

　　"罗塞塔"号探测器是欧空局组织的无人太空船计划，并且是迄今为止最具有意义的彗星飞行任务。该探测器用来研究代号为67P的彗星。整个探测器由对彗星进行绕飞观测的"罗塞塔"探测器和用于彗星软着陆的"菲莱"着陆器组成，于 2004 年 3 月 2 日搭乘阿丽亚娜 5 号火箭升空，经过三次借力飞行，向着彗星 67P 前进。2004 年 8 月 6 日，"罗塞塔"号抵达彗星 67P。通过探测器对彗星的环绕拍摄，为"菲莱"选择了合适的着陆点。2004 年 11 月 12 日，"菲莱"成功着陆，但不幸的是，着陆位置的上方会遮住太阳光，导致太阳帆板能接收的阳光比预期少，在工作 60 多个小时后，便进入了休眠。

幸运的是，在接近近日点的过程中，太阳照射逐渐变强，2015 年 6 月 14 日，"菲莱"与"罗塞塔"取得了联系，传回了 2256 比特的信息。但 7 月 9 日以后，"菲莱"就再也没有联系上，"罗塞塔"也于 2016 年 9 月 30 日坠落到彗星 67P 的表面，结束了它的使命。

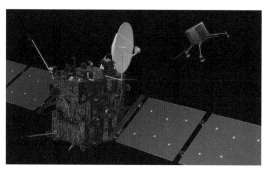

用于向下施压的推进器

地脚螺钉

往地下抓挠的鱼叉脚

图12-7 "罗塞塔"探测器（左）和"菲莱"着陆器（右）

飞往小行星需要多长时间？

　　小行星不同于行星，它的运行轨迹并不总是有规律的。让我们拿周期性彗星为例，来解释人类飞往小行星需要多长时间的问题吧。

　　按照彗星访问地球附近的情况，可以将彗星分为两类。

　　对于那种只出现一次，然后便一去不复返的彗星，称为非周期性彗星。它们也许一生就在茫茫宇宙中游荡，或者被其他星体吸引，与其他的行星发生撞击并被吞灭。

　　另外，还有一种彗星被称为周期性彗星，它们围绕着太阳做周期性的运动。通常，周期性彗星是沿着椭圆轨道运行。

图12-8 2016年10月，NASA利用近地天体广角红外线探测望远镜发现一颗彗星（命名为 C / 2016 U1）

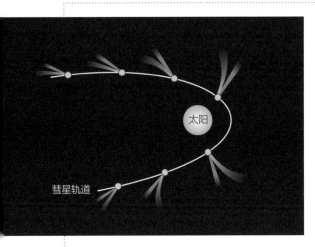

图12-9　彗星的运行轨道

运行在椭圆轨道上的彗星称为周期性彗星，而周期性彗星又分为短周期彗星和长周期彗星。短周期彗星是指围绕太阳公转周期少于200年的彗星，而长周期彗星的周期一般长于200年。这就意味着人们在过去200年里发现的长周期彗星还没有回来过，但是天文学家们可以通过测量彗星的运动速度和环绕路径而计算出彗星的运行时间和周期。

太阳系中的行星都在同一平面，或者说在同一水平层面上围绕太阳运行，就好像它们被平铺在一个圆形的桌面上。而周期性彗星却不在这个平面上运行，它们以不同的轨道倾角围绕着太阳运行，在这个平面之上，或者在这个平面之下。

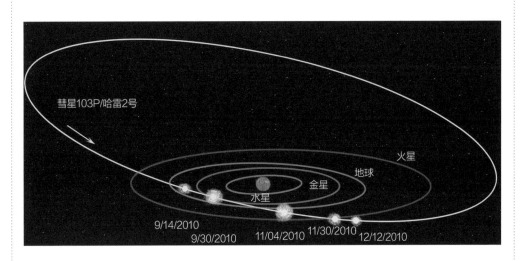

图12-10　2010年，哈雷2号彗星的盛大旅行轨迹

大多数短周期彗星是沿着太阳在柯伊伯带内运行（这个区间带在海王星之外的一段的空间区域）。而大多数的长周期彗星也许会将轨道延伸得更远，一直延伸到奥尔特云附近（在太阳系边缘的一段辽阔的由无数天体构成的球状、贝壳状的星云），奥尔特云附近也许就是数以十亿计的"死亡"彗星的家园。在那里，几乎是每时每刻，都有彗星被"拉入"太阳系，并开始它们的盛大旅行。

人类飞往小行星任务，一般采用的是守株待兔的被动方式。所以，飞往某颗小行星需要多长时间，要看那颗小行星什么时间进入人类视角范围。

但是进入人类视角的小行星，有时也是致命的杀手。小行星通常并不威胁我们的地球，但是，如果一个大的小行星脱离了太阳轨道，它就有可能撞击到地球，给地球生命带来毁灭性的灾难，这种情况在地球历史上曾经发生过。一些科学家认为6500万年前一颗小行星撞击了地球，造成地球上生态环境的破坏，并且最终导致恐龙的灭绝。2008年，天文学家发出了有史以来的第一份名叫2008 TC3小行星撞击预报，一块卡车大小的太空巨石即将撞击地球，预计会在一天之内撞击苏丹北部。就在预测撞击的时刻，一名航班飞行员在苏丹上空看到了火球，这是小行星闯入地球大气时发生的爆炸，当量相当于1000吨TNT炸药。几个月后，科学家们找到了一批散落在沙漠里的新鲜陨石——相当于完成了一次近地天体的"采样返回任务"。

尽管绝大部分的小行星都位于木星附近的小行星带内，但仍然有部分小行星在太阳系的其他区域绕太阳旋转，这类小行星多被称为近地小行星。按照轨道的不同，近地小行星可以划分为三类：Atens小行星——它们的轨道几乎或全部位于地球轨道内部；Apollos小行星——它们的轨道偶尔穿过地球轨道；Amors小行星——它们的轨道穿过火星轨道，而不是地球轨道。

除此之外，太阳系中还存在着其他一些小行星，柯伊伯带小行星与木星有着相同的轨道，半人马小行星存在于太阳系的外围空间，并且最终有可能变成彗星。

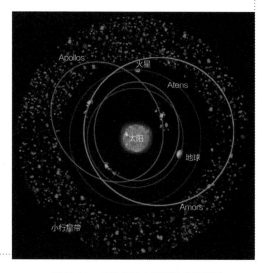

图12-11　三类近地小行星轨道示意图

2　彗星那些事

早在1932年至1950年，一些天文学家认为彗星起源于一种围绕在太阳系周边的云团，现在被称为"奥尔特云"，距离太阳大约2000至5000个天文单位。人们能经常看到新彗星造访内太阳系，这说明在太阳系周围必定存在着一个"彗星仓库"。当恒星在"奥尔特云"附近经过时，就会扰动其中的物质团块奔向太阳，最终抵达内太阳系形成新的彗星。

大约 46 亿年前，太阳被包围在一个巨大的物质盘中，后来盘中的大部分物质逐渐形成了行星，剩余的物质被木星和土星弹射到太阳系边缘。"奥尔特云"的概念提出以来，其实仍一直停留在假说阶段，没有得到观测认证。到目前为止，还没有人类的探测器抵达如此远的地方，也没有足够强大的望远镜能够直接看到它的存在，因此这仍旧是一个研究课题。

一般典型的彗星都有一条长长的尾巴，头部具有块状固体（被称作彗核）。当人们从地球观察彗星时，一般看不见彗核，因为它太小了。但可以看见彗星的其他部分，如彗星的彗发和彗尾。

当彗星靠近太阳时，太阳的热使彗星蒸发，在彗核周围形成朦胧的彗发和一条稀薄物质流构成的彗尾。由于太阳风的作用（太阳风是从太阳上层大气射出的超声速等离子体带电粒子流），彗尾总是背离太阳的方向。

图 12-12　被大量彗星物质包围的原始太阳系　　图 12-13　在地球上观察的彗星（注意彗星有两条尾巴）

地球的外层有一层气体环绕，称之为大气层。类似地，彗星同样也拥有大气层，比地球的大气层更为稀薄和纤细。彗星的大气层称作彗发，它包裹着彗核并发出光芒。太阳照射时，彗核散发出的灰尘和气体，便形成了彗发。彗发比地球大气层向太空扩散得更远，一般是 10 万千米，有的甚至超过 15 万千米，比太阳直径还长。

从太阳发射出的辐射和高能粒子将彗星的头部"吹"出一条或者多条的尾巴，所以当彗星接近太阳时，彗尾最长，而远离太阳去时，彗尾开始缩短。

事实上，大部分彗星有两条尾巴：一条是由尘土组成的，另一条是由气体组的。由于彗星在太空中高速运动和行星引力的合成作用，尘土构成的尾巴会稍稍有点弯曲；由于气体比固体更轻，且更易被太阳风吹动，气体构成的尾巴通常是笔直的。另外，因为尘土颗粒可以反射或者反弹光线，所以尘土彗星尾巴是闪亮的；因为气体中的粒子本身就可以发光，所以气体彗星尾巴是发光的。

图12-14　彗星的彗发

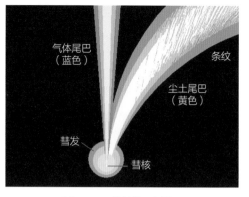

图12-15　彗星的2条尾巴

在彗星头部的内层是彗星的彗核，它是一颗又小又黑的石块，大多数彗核的尺寸不超过50千米。早期人们认为彗核是覆盖一层冰的小卵石颗粒，可以形象地称为"碎石银行"。1950年，美国宇航员惠普尔提出了著名的"脏雪球"的概念，他认为彗核是由尘土颗粒和岩石碎片混合的巨大冰块。彗核的冰块并非简单的冰水，还有其他的冰冻物质，如固态甲烷、二氧化碳和氨，而这些物质在地球上都是气态的。

2005年，美国"深度撞击"号探测器释放了一个撞击器与"坦普尔一号"彗星的彗核进行深度撞击，撞击结果证明彗核所包含的冰状物质比原先假想的要少，相反尘土颗粒和岩石碎片比原先假想的要多。以前认为彗核中包含的冰比尘土多，所以把彗核描绘成一个"脏雪球"。今天由于发现彗核的岩石碎片和尘土颗粒比冰多的结论，所以彗核又被称为"冰状脏雪球"。

图12-16　彗星的彗核

哈雷如何发现哈雷彗星的？

哈雷从1337年到1698年的彗星记录中挑选了24颗彗星，计算了它们的轨道，发现1531年、1607年和1682年出现的三颗彗星轨道看起来如出一辙。但哈雷没有立即下此结论，而是不厌其烦地向前搜索。通过大量的观测、研究和计算后，哈雷大胆地指出，1682年出现的那颗彗星，将于1758年的年底再次回归。在那个时代，还没有任何人意识到彗星能定期地回到地球附近。

1759年3月13日，这颗明亮的彗星拖着长长的尾巴，出现在星空中，自此哈雷在 18 世纪初的预言，经过半个多世纪的时间终于得到了证实。这颗周期回归的彗星被命名为哈雷彗星。

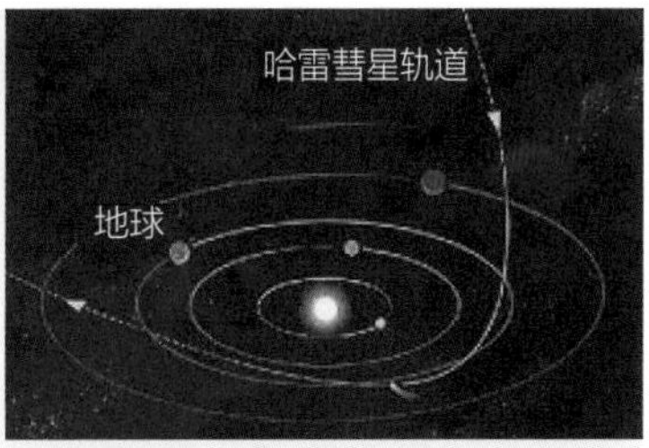

图 12-17　哈雷彗星运行轨道

哈雷彗星蛋的故事

哈雷彗星蛋，是指当哈雷彗星靠近地球时，正好母鸡生蛋，其蛋壳上会布满星辰花纹。1682 年，哈雷彗星对地球进行周期性的"访问"时，在德国的马尔堡，有只母鸡下了一枚蛋壳上布满星辰花纹的鸡蛋。1758 年，英国霍伊克附近乡村的一只母鸡下了一枚蛋壳上清晰地描有彗星图案的鸡蛋。1986 年哈雷彗星又一次回归地球附近时，人们在意大利博尔戈的一户居民家里，又一次发现了一枚彗星蛋。

彗星与鸡蛋，一个在太空中遨游，一个在大地上诞生，但很多科学家认为它们之间存在着因果关系，也许与免疫系统的效应和生物的进化相关。

图 12-18　哈雷彗星蛋

哈雷彗星与马克·吐温的巧合

谈到哈雷彗星，就不得不联想到它与知名作家马克·吐温之间的关系。马克·吐温生于 1835 年，当时哈雷彗星刚刚离去。1909 年，当得知哈雷彗星将在来年再次回归时，马克·吐温就预计哈雷彗星回归时他将死去。去世前，马克·吐温留下 5000 页的自传手稿，同时附言："死后 100 年内不得出版。"100 年过去了，加州大学出版社出版了他的完整权威版自传。1909 年，马克·吐温写下："我在 1835 年与哈雷彗星同来。明年它将复至，我希望与它同去。如果不能与哈雷彗星一同离去，将是我一生中最大的遗憾。"

在 1910 年 4 月 9 日，天文望远镜捕捉到了哈雷彗星，在 4 月 20 日达到近日点，马克·吐温则在 4 月 21 日因心脏病发而逝世。

图 12-19　著名作家马克·吐温

3   小行星有哪些特征？

小行星有很多不同类型的表面，有些看起来是黑暗的，有些则看起来很明亮，这是因为它们表面反射太阳光不同。小行星地表形态的不同与构成小行星的物质有关。例如，黑暗小行星通常由富含碳的物质构成，明亮小行星含有很多能够反射太阳光的金属矿物质，其发光的表面为科学家们研究小行星提供了良好的视线。

有些小行星表面甚至存在着"山峰"。1996年，哈勃太空望远镜拍摄到的一张灶神星照片，显示灶神星表面有一个巨大的火山口。"黎明"号探测器接近灶神星，对其表面进行观测。科学家们认为这个火山口是由一个大的物体撞击灶神星而形成的，撞击时产生了大量的热，使熔岩在流回火山口的过程中在火山口中心形成了一座山峰。

科学家们已经从小行星上了解到很多关于太阳系历史的信息，对于小行星的了解多数来自对陨石的研究。陨石是从外太空穿过大气层陨落到地球表面的固体颗粒，很多科学家认为大部分的陨石是从小行星上分裂脱落的碎片。体积较大的陨石，将会对地球生命构成极大的威胁。

科学家们对小行星有着极大的兴趣，小行星年代久远，很多在亿万年的时间中没有发生过变化。因此，小行星可以告诉科学家们很多关于太阳系如何形成的信息。例如，通过研究小行星的组成成分，可以了解到在太阳系形成初期的物质类型和成分，特别是对探索生命的起源有重要的帮助。

图12-20   美国"黎明"号探测器进入灶神星轨道，对其表面坑洼的洞穴进行观测

图12-21   位于美国亚利桑那州北部的"巴林杰陨石坑"

木星附近的小行星，是亿万年前太阳系形成初期遗留下来的不规则形状的天体，它们的直径尺寸在965千米到6米之间，一些尺寸较大的小行星周围还拥有自己的卫星。

科学家们估计木星轨道附近的小行星数量应该达到数百万。最早发现的谷神星（Ceres）、智神星（Pallas）、婚神星（Juno）和灶神星（Vesta）是小行星中最大的四颗，被称为"四大金刚"。

多数小行星是由金属或岩石材料组成的，或者是由含丰富碳的矿物质组成的。类似于太阳系中的行星，小行星也是围绕太阳旋转的，但是它们不具备行星的其他特征，如被大气层所包围等。

图 12-22 "伽利略"号于 1993 年拍摄的小行星 Ida 和它的卫星 Dactyl

4 小天体"仓库"——柯伊伯带

海王星是太阳系最外围的一个巨大的行星，它自身产生的引力与太阳引力共同作用，使太阳系边缘众多的小天体能够绕太阳旋转。海王星轨道外围的这些神秘的小天体就是柯伊伯带小天体，著名的矮行星冥王星就位于此带中。

柯伊伯带是一种理论推测认为短周期彗星是来自距离太阳 50 到 500 个天文单位的一个环带，位于太阳系的尽头，其名称源于荷兰裔美籍天文学家柯伊伯（Kuiper）。柯伊伯带内边缘毗邻海王星公转轨道，与太阳相距约 45 亿千米，外边缘估计距离太阳大约 75 亿千米。

科学家们认为，在柯伊伯带中存在着数量巨大的天体，包括小行星、行星、彗星等，这些天体被统称为 KBOS。在柯伊伯带的外围还可能存在着一个更大的圈饼状天体区域，被称为黄道离散盘，这个区域可能已经超出了我们所定义的太阳系的范围。

图 12-23 柯伊伯带立体视图

5 功不可没的发现达人们

奥尔特

太阳系诞生于超新星大爆炸，其剩余产物构成了包裹太阳系的奥尔特云团。这个云团以荷兰天文学家奥尔特的名字命名。1950 年，奥尔特提出太阳系外层边缘存在一个云团，彗星就来自这个云团。彗星数量非常庞大，这些彗星构成了一个直径达几光年的球状云团。如果一个彗星不停往返于太阳系内外，那么它有很大概率消亡，而且消亡方式有很多，或是撞击飞越的行星，或是经过多次靠近太阳后，包裹它的冰被太阳融化，变成小行星。

哈雷

哈雷，1656 年出生在伦敦附近的哈格斯顿，1673 年进入牛津大学学习数学。1676 年，20 岁的哈雷毅然放弃了即将到手的学位证书，只身搭乘东印度公司的航船，在海上颠簸了三个月，建立起人类第一个南天观测站，然后进行了一年多的天文观测，绘制了世界上第一份精度很高的南天星表。

哈雷另一个贡献是劝说牛顿写出了经典力学的奠基之作《自然哲学的数学原理》，并慷慨解囊支付这部巨著的出版费用。

哈雷还发现了月球运动的长期加速现象，证明恒星不是恒定不动的。此后，他又选择了彗星这一前人涉及不多的领域，进行了深入的研究，开创了认识彗星和研究彗星的新领域。1678 年，哈雷发表了《南天星表》，这使他获得了与第谷·布拉赫（丹麦天文学家）同样高的声誉。

图 12-24　奥尔特

图 12-25　哈雷

6　特洛伊与小行星带

小行星带是太阳系内介于火星和木星轨道之间的小行星密集区域，也称为主带。科学家们发现小行星带可分为两个不同的区域：小行星带的外缘以富含碳元素的 C- 型小行星为主，这类小行星年代久远，从太阳系形成以来没有发生过大的变化；小行星带内侧靠近地球的部分以富含金属矿物成分的小行星为主，科学家们猜测这些小行星是在很高的温度下形成的。

在小行星带之外靠近木星的位置还存在着 1000 多颗小行星，它们被称为"特洛伊小行星"，这些小行星都是以希腊传说特洛伊战争中的英雄人物命名的。

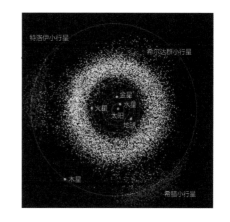

图 12-26　小行星带示意图

陨石中存在地外生命迹象

有科学家认为，陨石是在宇宙中传播生命的种子，地球上的生命可能最初就起源于地球婴儿时期遭受的陨石撞击。1996 年，NASA 宣布在来自火星的陨石"艾伦-希尔斯84001"中发现含有火星细菌化石的证据，并且发现这块陨石晶体结构中大约 25% 是由细菌形成的，这一发现引发了人们对火星上生命探索的强烈兴趣。

另有研究表明，火星上的陨石撞击坑可能同样充当着有机生命体避难所的功能，如果在那里向深部进行探索，可能会找到与微小生命体相似的生命形式。陨石撞击一瞬间产生的热量足以杀死其表面所有的生命，但是，由撞击产生的陨石岩裂隙却能让营养及水分流入其内部，从而支持内部生命的继续存在。

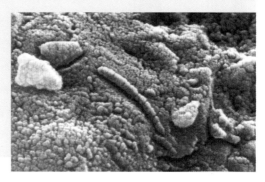

图 12-27　火星陨石"艾伦-希尔斯84001"中蠕虫形态的结构

黑洞

黑洞是看不见的，因为即使是光也无法摆脱它的引力，但却有科学证据证明了它的存在。

相对论性喷流

黑洞以恒星、气体和尘埃为食，并以接近光速的速度喷射出大量粒子。

吸积盘

一些碎片和温度极高的气体以巨大的速度在黑洞周围盘旋。

光子球层

光子借助周边的一些等离子体从黑洞中喷出。

奇点

黑洞的核心是奇点，奇点是一个体积无限小、密度无限大、引力无限大、时空曲率无限大的点。目前，在这个点上人类所知道的物理定律无法适用。

黑洞探索简史

1687年，牛顿在他的著作《自然哲学的数学原理》中描述了重力和引力。

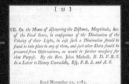

1783年，约翰·米歇尔提出：可能存在一种"暗天体"或"暗星"，它是一个质量足够大的物体，其逃逸速度大于光速。

1795年，皮埃尔-西蒙·拉普拉斯预测了黑洞的存在。

1915年，爱因斯坦发表了广义相对论，预言了"时空曲率"。

1916年，卡尔·史瓦西用爱因斯坦的广义相对论定义了黑洞引力半径，后来被称为"史瓦西半径"。

1935年，白矮星理论的先驱钱德拉塞卡提出"一颗大质量的恒星不会停留在白矮星阶段，我们应该考虑其他的可能性。"当时的他几乎已说出现在黑洞的概念："恒星会持续塌缩，体积会越变越小、密度越来越大。"

1964年，约翰·惠勒创造了"黑洞"这个术语。

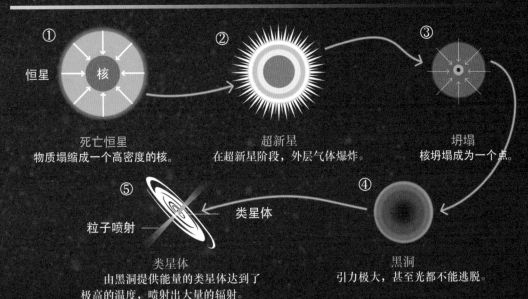

M87黑洞距离我们约5500万光年，它的跨度约为3540万千米。

事件视界是由望远镜拍摄到的由炽热尘埃和炽热碎片组成的环。

超密度物体的巨大引力会将其周围的光变为一个扭曲的圆。

图像呈现一个明亮的气体环，它正在围绕着M87星系中的黑点运转，而这个黑点就是黑洞的影子。

黑洞的产生过程

① 恒星 核

死亡恒星
物质塌缩成一个高密度的核。

② 超新星
在超新星阶段，外层气体爆炸。

③ 坍塌
核坍塌成为一个点。

⑤ 类星体
粒子喷射

类星体
由黑洞提供能量的类星体达到了极高的温度，喷射出大量的辐射。

④ 黑洞
引力极大，甚至光都不能逃脱。

1970年，斯蒂芬·霍金定义了现代黑洞理论，描述了黑洞的最终命运。

1994年，哈勃空间望远镜成像摄谱仪显示，某些星系的核心周围有很大的轨道速度，这说明在一个非常小的区域内有一个巨大的质量。

2012年，一些理论物理学家提出，黑洞可能有"防火墙"，它会把落入黑洞的任何东西都烤化。

第十三章
黑洞、虫洞
与大爆炸

黑洞是时空展现出极端强大的引力，以致于所有粒子、甚至光都不能逃逸的区域。广义相对论预测，足够紧密的质量可以扭曲时空，形成黑洞；不可能从该区域逃离的边界称为事件视界。虽然，事件视界对穿越它的物体的命运和情况有巨大影响，但对该区域的观测似乎未能探测到任何特征。在许多方面，黑洞就像一个理想的黑体，它不反光。

1 黑洞的前世今生

宇宙中到底有没有黑洞？如果有，茫茫宇宙中黑洞又会在哪呢？直至今日，人类虽然无法准确观察到黑洞，但人们对黑洞的存在却是确信无疑的。

"黑洞"概念的起源

1783 年，英国科学家约翰·米歇尔提出：存在比太阳质量更大的恒星，其逃逸速度超过光速，因此任何光都可以被这种恒星的引力拖拽回去，在那种情况下，连光线都看不到。米歇尔将这种恒星叫作"暗星"，就是现在的"黑洞"。

1795 年，法国科学家皮埃尔－西蒙·拉普拉斯将光速的有限性与经典力学中的最大逃逸速度相结合，第一次提出了"黑洞"的概念，他也因此被称为"黑洞"之父。

1915 年，爱因斯坦提出广义相对论，这一理论首次将引力解释成时空的弯曲，即任何有质量的物体都会使其周围的时空产生弯曲，这种时空弯曲进而会影响其他物体的运动。也就是说，从本质上来看，物体之间相互吸引其实是因为时空是弯曲的，这就好比在一块平整的布上放一个篮球，篮球会使其周围的布面凹陷下去，而当我们在篮球的旁边再放一个小球时，小球便会顺着布面凹陷的方向运动，直至和篮球发生碰撞。在这里，如果把布面看成时空的话，布面的凹陷就是时空的弯曲，而小球的运动就可以看作是时空弯曲的结果。

1916 年，德国天文学家卡尔·史瓦西通过计算得到了爱因斯坦引力场方程的一个严格解，从这个解中我们可以得到，如果将大量物质集中于空间一点，其周围会产生奇异的现象，即在质点周围存在一个界面——"视界"，一旦进入这个界面，即使光也无法逃脱。这种"不可思议的天体"就是我们所说的黑洞。

黑洞，是人们对宇宙空间一个区域的形象称呼。如果宇宙中确实存在黑洞的话，那才是名副其实的黑洞，不但物体掉进去会消失得无影无踪，就连光也休想从那里逃逸出来，它就像一个无底洞，永远也填不满，因此它也被称为"星坟"。

图 13-1　黑洞

黑洞的前世之谜

丹麦天文学家赫茨普龙和美国天文学家罗素分别于 1911 年和 1913 年提出赫罗图。赫罗图表示的是恒星的光谱类型与光度的关系，其中图像的纵轴是光度与绝对星等（光度是指恒星每秒辐射出的总能量，绝对星等是指把恒星放在距地球 32.6 光年的地方所得到的亮度），横轴则是光谱类型或恒星的表面温度。恒星的光谱类型可分为 O、B、A、F、G、K、M 七种，该光谱类型与恒星表面温度有一定的对应关系，即 O 到 M 的光谱类型对应的恒星表面温度依次递减。根据赫罗图我们可以看出，主序对角线中恒星的亮度越大，其表面温度就越高。

天文学家们以赫罗图为基础，认为恒星一生经历了星云、原恒星、主序星、红巨星等演化过程。红巨星继续演化，就会变成"铁心"的天体。而当铁核质量达到 2 个太阳质量以上时，就会成为"黑洞"。

除了由恒星演化而成的黑洞之外，还有一种是人们尚不清楚形成原因的超大质量黑洞，它的质量可达到太阳质量的数十亿倍。20 世纪 60 年代，科学家们在宇宙中发现了一些特殊的天体，它们看起来和恒星很相似，但又不是恒星，于是科学家们将它们命名为类星体。类星体距我们非常远，但它们发出的光却特别亮，而且和它们具有的能量相比，它们的体积显得异常小。据此，很多科学家认为类星体的中心有一个超大质量黑洞，物质在被吸入类星体中心时会高速运动，同时物质与物质之间也会靠得越来越紧密，进而物质之间相互摩擦，产生热量，发出很亮的光。

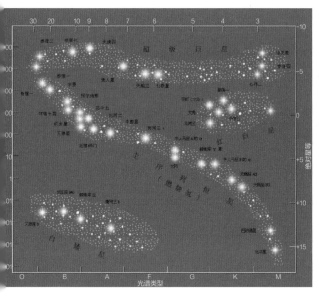

图 13-2　赫罗图

图 13-3　超大质量黑洞

黑洞的今生之貌

（1）黑洞的面貌

你大概还没有体验过，今天如果你在百度网站搜索"黑洞"一词，会立即呈现出一种黑洞影响力的情景：一个巨大的黑洞占据了屏幕，把屏幕中所有的东西都吸走了。

那么，黑洞面貌是怎样的呢？在人类社会中，有些人过着隐士般的生活，喜欢独居，希望别人不要过多地探询有关他们的事情。类似地，在宇宙里，黑洞也是一个隐居者。理论上讲，黑洞本来是一颗恒星，然而它最终没有熄灭或爆炸，而是像做塌了的蛋奶酥一样，坍塌成一个小小的、不可逃逸的奇点。在《星际穿越》影片中，黑洞模型是一道光轮环绕着里面的球形大旋涡，看起来似乎既从上面弯过去，又从下面弯过来。

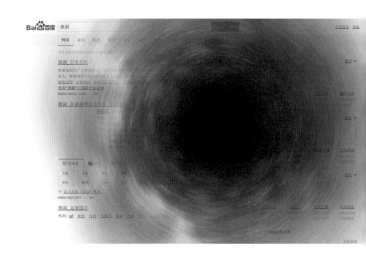

图13-4　百度"黑洞"特效

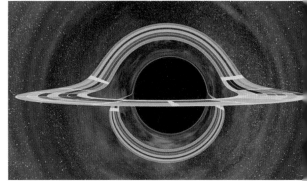

图13-5　《星际穿越》中的黑洞模型

（2）黑洞的种类

目前，对于不带电荷的黑洞，科学家认为有两类：史瓦西黑洞和克尔黑洞。

在宇宙空间里，史瓦西黑洞居多数，所以也称为"寻常黑洞"。史瓦西黑洞是由较大的恒星到寿命晚期时，核燃料消耗殆尽，辐射压急剧减弱，并在星体自身引力的作用下坍缩，最终演化为"寻常黑洞"。科学家们不清楚史瓦西黑洞本身是不是球体，但它外面的视界是球体。

克尔黑洞是在史瓦西黑洞的基础上，让黑洞旋转起来得到的。不同于史瓦西黑洞，克尔黑洞内部结构比较复杂。克尔黑洞中心是一个奇环，有内外两个视界。内视界为黑洞奇异性的界限，而外视界则为不可逃脱的界限。克尔黑洞的最外围还有一个界限称为静止界限，也称静界。静界是克尔黑洞旋转时拖动着周围的时空一起转动产生的，该处时空的旋转速度等于光速。静界和外视界之间的夹层称为能层，所有进入能层又逃逸的物体本质上是从黑洞中获取了能量。

克尔黑洞可能与白洞连接，因此，进入克尔黑洞的物体只要不撞在奇环上就有可能从白洞出来。由此看来，如果你执意要进入黑洞体验一番，那么请选择克尔黑洞，因为或许你能够从白洞出来。

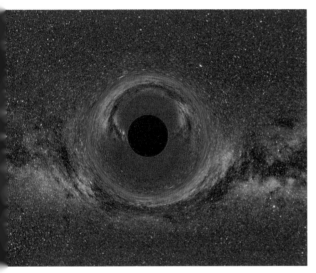
图 13-6　计算机模拟的史瓦西黑洞

图 13-7　计算机模拟的克尔黑洞

（3）黑洞的影响力

关于黑洞的影响力，我们可以通过一个例子来解释。现在设想在弹簧床面上放置一块质量非常大的圆石头代表黑洞，显然，这将大大影响床面，床面不仅会弯曲，甚至还有可能断裂。类似的情形会在宇宙中出现，若宇宙中某处存在黑洞，则该处的宇宙结构将被撕裂。这种时空结构的撕裂称为"时空的奇异性"或"奇点"。

被黑洞吸入不能再返回的边界叫作"黑洞的视界"，这个"黑洞视界"在一个被称为"史瓦西半径"的球壳上。"史瓦西半径"的长短只与物体的质量成正比，一个重力天体的半径只要小于其"史瓦西半径"就会发生塌陷，进而被称为黑洞。地球的"史瓦西半径"约为 9 毫米，而太阳的"史瓦西半径"约为 3 千米。如果有一个太阳质量的黑洞，那么只要距离这个黑洞中心 3 千米以外，就没有危险，就算飞船从黑洞旁边飞过去也不会被抓住。

（4）黑洞辐射

任何进入黑洞的东西都不能逃逸出去，但科学家又认为黑洞会慢慢地释放其能量。这又是怎么回事呢？

早在 1970 年，科学家们就发现黑洞和热力学之间存在某些关联：当物质落入黑洞后，黑洞的视界表面积会增加，而将这条性质与热力学定律相对比就会发现，黑洞的视界表面积和热力学中的熵很相似。那视界表面积和熵究竟有什么关系呢？1972 年，物理学家雅各布·贝

图13-8　提出物体的史瓦西半径概念的德国天文学家卡尔·史瓦西

肯斯坦还是一名研究生，他提出视界表面积就是黑洞熵的度量，当一个有熵的物体落入黑洞时，黑洞的视界表面积就会增加。同时，贝肯斯坦还指出一个黑洞的熵是有限的，而这表明，黑洞处在有限温度的热辐射平衡状态，但是当时人们认为黑洞不会向外发出任何辐射。直至 1974 年，著名的物理学家霍金证明，黑洞具有与其温度相对应的热辐射，称为黑洞辐射。并且霍金提出：黑洞的质量越大，温度越低，辐射过程就越慢，反之亦然。

（5）非星黑洞

霍金指出宇宙中还存在另一种类型的非星黑洞。大爆炸期间，宇宙处在极高的温度和极大的密度状态，那时有可能产生为数众多的微型原生黑洞。但这种微型黑洞和大质量黑洞不同，它们不断地损失质量直到消失。在一个微型黑洞的附近，可以形成诸如质子和反质子这类粒子。当一个质子和一个反质子从微型黑洞的引力中逃逸，它们就会湮灭并产生能量。如果这一过程一再重复，微型黑洞则耗损掉全部能量，最终就是黑洞被"蒸发"了。

黑洞仍然是个谜

人类自始至终都在科学探索方向奋力前行，关于黑洞，人们目前掌握的还只是少许碎片。我们相信，当人们把散落在宇宙中的碎片拼接完整时，我们离宇宙的真相也就不远了。

黑洞究竟是什么？简单回答，黑洞就是宇宙中存在巨大引力的一个点。让我们来讨论

6 个关于黑洞的有趣事实！

（1）人们不能直接看到黑洞，为什么？

黑洞之所以被称为黑洞是因为它的"颜色"。但是，从理论上讲，黑洞是没有颜色的，实际也是如此。科学家们利用仪器观测到的黑洞一般都是黑色的，那是因为我们观察黑洞的时候是通过视觉效应来观察的，他们可以看到黑洞的影响，所以会有颜色。黑洞的颜色是来自其他物质反射的光。科学家们通过观测黑洞周围的区域，可以发现黑洞的影响力。例如，一颗距离黑洞很近的恒星会被撕裂。

（2）银河系是否有黑洞？

有，答案是肯定的。但不要惊慌，因为银河系的黑洞对人类赖以生存的地球没有任何威胁。目前，天文学家们认为银河系内的黑洞距离地球至少有好几光年。

（3）濒死的恒星会转变成为黑洞吗？

大恒星的死亡会导致黑洞的产生，因为恒星的引力会压倒其维持形状的自然压力。当恒星核反应力力量崩溃时，引力会压扁恒星的核心，恒星的其他层也会被抛到太空中，这个过程也被称为超新星爆发。恒星核心的其余部分坍塌，密度增加，直到成为一个没有体积的点——黑洞。

（4）黑洞有几种类型？

①原始黑洞——它们是最小的黑洞，大小从一个原子到一座山的质量不等。

②恒星黑洞——这是最常见的黑洞，质量可能是太阳的 20 倍。

③超大质量黑洞——它们是最大的黑洞，质量是太阳的 100 多万倍。

（5）黑洞很古怪吗？

假设有人掉进了黑洞，而且还有一个观察者目睹了这一切。掉入黑洞的人的时间相对于观察的人来说变慢了，这可以用爱因斯坦的广义相对论来解释。爱因斯坦的广义相对论指出，当你以接近光速的极端速度前进时，时间会受到速度的影响。

（6）只有当你离黑洞太近时，你才会变得很危险

从远处观察黑洞是安全的，但如果你离得太近就不安全了。这也意味着黑洞不太可能吞噬整个宇宙。

2 虫洞——连接时空的隧道 ❶

霍金认为，虫洞的重要作用在于连接时空隧道。如果把时空比喻为苹果，虫洞就是连接苹果表面上两个点的洞穴，这个洞穴对应的是连接时空中相异两点的捷径。从一个洞穴到另一个洞穴，如果沿苹果表面走就比较远，而走苹果里面的隧道就比较近。宇宙中的虫洞就好像这个隧道。

假定存在虫洞，我们有可能穿越虫洞去别的宇宙去旅行吗？科学家认为有这种可能，因为虫洞并没有因为宇宙膨胀而断裂，所以我们有可能通过虫洞前往其他宇宙，或者通过虫洞接收来自其他宇宙的信息，甚至接待来自其他宇宙的智慧生物。

虫洞的形成过程

相对论和量子论告诉我们，原始的宇宙诞生于虚无缥缈之中。在大爆炸前，宇宙处于"混沌"状态，分不清上下、左右和前后，甚至分不清时间和空间，充满着时空泡沫。

在膨胀过程中，时空泡沫演化为"宇宙泡沫"，宇宙泡沫之间有隧道相连，而且隧道可能不止一条，这种连接宇宙泡沫的隧道被科学家称为"虫洞"。简单来说，虫洞就是连接宇宙空间的时空细管。

这些宇宙泡沫迅速膨胀，泡内大量的真空能转化为物质能。每个泡形成一个宇宙，其中之一形成了我们的宇宙。宇宙中的物质能量进而聚集成星系，形成了恒星和行星。在某些条件下，合适的星球上出现了生命，其中的一些生命进化成有意识、有智慧的高级生物，如人类就是这些高级生物的一种。

今天我们观察到的膨胀宇宙，只是大量宇宙泡形成的大量宇宙中的一个。而且随着当今宇宙的发展，也许正在产生新的宇宙，新的宇宙称为婴儿宇宙，像细胞分裂一样，在没有完全分开之前也会由空间管道，也就是虫洞连接着。

图13-9　宇宙泡沫

---

❶ 目前，科学家们还没有发现虫洞，尚处于假说阶段。

虫洞的种类

科学家认为，存在两种虫洞：一类是可通过的"洛伦兹虫洞"，另一类是可瞬时通过的"欧几里得虫洞"。研究表明，"洛伦兹虫洞"是一直存在的，它可能存在于黑洞中或其他地方，而"欧几里得虫洞"是瞬间存在的。

"洛伦兹虫洞"可以想象为日常生活中的隧道，在同一宇宙空间有两个开口。这样的宇宙，从 A 点运动到 B 点的飞船有两条路径可走：一条是穿过虫洞达到 B 点，另一条是不穿过虫洞到达 B 点。如果父子两人，各自驾驶一艘飞船，父亲穿过虫洞达到 B 点，而儿子不穿过虫洞到达 B 点，他们父子经历的时间是不同的，所以他们达到 B 点相会时，父亲的年龄反而比儿子要小很多很多。目前的一些研究表明，利用"洛伦兹虫洞"经过适当改造后，可以变成"时间机器"或"时光隧道"，人们通过它后，回到自己的童年，见到童年的自己。

现在谈谈"欧几里得虫洞"。这是一种可瞬间通过的虫洞，经过这种虫洞前往其他宇宙的人不需要时间，他会在眨眼间从我们眼前消失，他感觉自己在眨眼间已经处在另一个宇宙之中，就好像武侠影片中的"来无影、去无踪"场面。假如一个"欧几里得虫洞"只与本宇宙相通，例如连通北京和多伦多，那么一个经历此虫洞的人会在瞬间从北京的航天桥上消失，突然出现在多伦多的彩电塔之上。

更为有趣的是，"欧几里得虫洞"可以通向我们的过去和未来。一个通过虫洞的人在我们眼前消失之后，有可能突然出现在秦始皇修长城的工地里。甚至还有传言，几个小孩翻墙跳下去，其中有个小孩跳下后未坠地便消失，而前后的小孩都正常着地，消失的小孩是经过虫洞落到了别的地方，这个虫洞是指"欧几里得虫洞"。虽然我们暂时无法证明传言的真伪，但通过"欧几里得虫洞"到未来去观光也是令人神往的事情。但我们还不要高兴得太早，因为人类对宇宙的认识才刚刚开始。

图 13-10　连接同一宇宙空间的洛伦兹虫洞

撑开虫洞的异常物质

天文学家萨根的科幻小说《接触》，叙述了一个女主角落入地球附近的一个黑洞，那个黑洞内部连着穿越空间的时空隧道，一个小时后，女主角到达隧道的另一个出口，该出口位于织女星附近，距离我们地球 26 光年。

萨根把有关内容告诉了他的好友——著名的相对论专家索恩，索恩认为黑洞内部不稳定，即使存在时空隧道，稍有扰动也会立即封闭，所以飞船不可能通过，因而黑洞不能作为星际航行的时空通道。

然而，小说的情节深深地打动了索恩，他和他的学生莫里斯开始研究是否有可穿越的时空隧道。经过研究表明，在一定条件下有可能存在"时空隧道"，这种隧道就是"洛伦兹虫洞"。索恩研究发现，"洛伦兹虫洞"需要由异常物质来撑开，这种异常物质的平均能量密度为负，而且会产生巨大的张力。

撑开一个半径为 1 厘米的虫洞，需要一个地球质量的异常物质；撑开一个半径为 1 千米的虫洞，需要一个太阳质量的异常物质。另外，通过虫洞的航天员会受到异常物质产生的巨大张力，这种张力足以把原子扯碎。张力与虫洞半径的平方成反比。

目前研究结果表明，当虫洞半径小于 1 光年时，异常物质产生的张力比原子不被破坏的最大张力还大，所以，作为星际航行通道的虫洞，其半径至少要大于 1 光年。飞船是否可以通过洛伦兹虫洞，在很大程度上取决于物理学是否允许异常物质的存在，而且是最大的异常物质的存在。

图 13-11　萨根的科幻小说《接触》

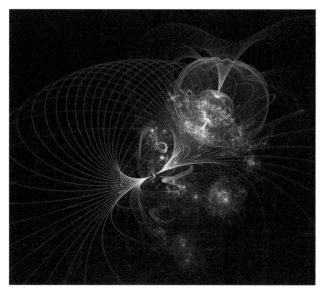

图 13-12　内部存在巨大张力的虫洞

虫洞理论的产生

当爱因斯坦在思考黑洞时，寻求了天文学家卡尔·史瓦西的帮助，得到了爱因斯坦方程的史瓦西解，可以简单解释为：对于一个特定的质量存在一个临界半径，如果把这个质量压缩到临界半径，就会发生坍缩。而史瓦西在对黑洞进行计算时，得出的不是一个解，而是一对解。类似于二次方程的正负根，可以解释为描述黑洞的方程式可以颠倒过来，即描述奇点的物体的扩张，由此产生白洞的理论。在物理学家分析黑洞与白洞时，利用爱因斯坦理论开展实验，便可产生一种特定的虫洞。虫洞连接着黑洞与白洞，在两者之间进行物质传输，所以虫洞也被称为"灰道"。

人类还没有发现虫洞存在的证据

在天文学领域，关于虫洞的存在还没有在宇宙中寻找到任何依据，但虫洞给我们穿越时空旅行带来了希望，如从同一宇宙中一处穿越至另一处，从一个宇宙穿越到另一个宇宙，从现在穿越到过去或者将来。所以，科学家们将会坚持不懈地继续去努力探寻虫洞和制造时空隧道的方法，同时，探寻时空隧道存在和制造时空隧道的可能性也将对我们深入理解宇宙有重大的帮助。

3　宇宙大爆炸与奇点理论

宇宙诞生于 150 亿年前发生的一次大爆炸，大爆炸使物质四散出去，宇宙空间不断膨胀，温度也相应下降，后来相继出现了宇宙中的各个星系、恒星、行星乃至生命。

这次大爆炸的反应原理被物理学家们称为量子物理。"大爆炸宇宙论（The Big Bang Theory）"是现代宇宙学中最有影响的一种假说。它认为：宇宙是由一个致密炽热的奇点于约 150 亿年前一次大爆炸后膨胀形成的。1927 年，比利时天文学家和宇宙学家勒梅特首次提出了宇宙大爆炸假说。1929 年，美国天文学家哈勃根据假说提出星系的视向速度与星系间的距离成正比的哈勃定律，并推导出星系都在互相远离的宇宙膨胀说。1946 年，美国物理学家伽莫夫正式提出大爆炸理论。

大爆炸理论认为宇宙曾有一段从热到冷的演化史。在这个时期里，宇宙体系在不断地膨胀，使物质密度从密到稀地演化，如同一次规模巨大的爆炸。爆炸之初，物质只能以中子、质子、电子、光子和中微子等基本粒子形态存在。宇宙爆炸之后的不断膨胀，导致温度和密度很快下降。随着温度降低、冷却，逐步形成原子、原子核、分子，并复合成为通常的气体。气体逐渐凝聚成星云，星云进一步形成各种各样的恒星和星系，最终形成我们如今所看到的宇宙。

目前，大部分科学家都支持宇宙大爆炸的理论，宇宙爆炸源于一个奇点，但有趣的是到目前为止，人类对于这个奇点还是一无所知，包括它的形成以及爆发的诱因。

奇点理论的诞生

1965 年，英国科学家彭罗斯发表著名论文《引力坍塌和时空奇点》，与霍金共同创立了现代宇宙论的宇宙奇点理论。后来，霍金与彭罗斯一道将奇点的存在性证明推广到早期宇宙。

> 霍金-彭罗斯奇点定理
> 一个时空若满足以下条件，就必定存在奇点：
> （1）强能量条件成立。
> （2）一般性条件成立。
> （3）满足时序条件。
> （4）以下三个条件之一成立：
> ①存在封闭陷获面；
> ②存在紧致无边非时序点集；
> ③存在一点，通过该点的所有未来（或过去）方向的类光测地线束的膨胀标量 θ 最终将变为负值。

宇宙奇点理论指出，宇宙的最初是奇点，然后发生大爆炸，接着由于大爆炸的能量而形成了一些基本粒子。这些基本粒子又在能量的作用下，逐渐形成了宇宙中的各种物质，这就是目前最有说服力的宇宙图景理论。

最著名的奇点是黑洞里的奇点，以及宇宙大爆炸处的奇点。在奇点处，所有定律以及可预见性都失效。奇点可以看成空间时间的边缘或边界。只有给定了奇点处的边界条件，才能由爱因斯坦方程得到宇宙的演化。

图 13-13　英国科学家彭罗斯

用奇点区分时间的过去和未来

彭罗斯认为，人们至今还没有了解奇点理论，并且认为该理论应该可以区分时间的过去和未来。而且，宇宙的创造及结束，由于时间参差不齐的情况而有所不同。

最初的时候，时空是在整齐均衡、顺畅自然的状态下产生的；可是到了最后，却成了满是黑洞的时空。它们之间的不同，归根到底全都是由时间箭头造成的，也就是所谓的时空上岁数了，逐渐变得老化凋零了。

不管怎样，时间箭头的起源在于，我们的宇宙是在非常特别的状态下产生的。至于它产生的原因究竟是什么，很遗憾，至今仍没有完整的答案。

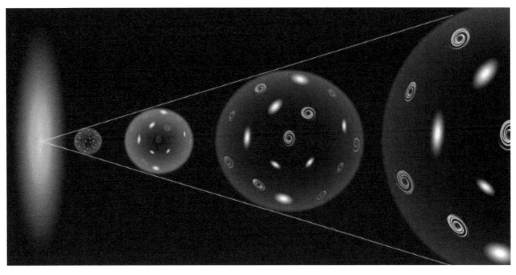

图13-14 时间箭头形成了宇宙的最初图景

宇宙大爆炸之前的奇点

宇宙是由一个奇点爆炸而产生的，宇宙还没爆炸之前的奇点是什么？

大爆炸理论是这样描绘的：宇宙是由"奇点"诞生而来。"奇点"是一个温度和密度奇高的神奇小点，在约150亿年前，"奇点"突然爆炸，从而形成了现在这个宇宙。这个"奇点"被描绘成体积为零、时间停顿的"点"。

按照彭罗斯的观点推理论，我们的宇宙膨胀就意味着所有的质量最终都会转化为能量，到那个时候，时间和空间的概念就荡然无存了。因此，一个无限大的宇宙可能只是下一个宇宙起源时一个无限小的点。如此不断循环，周而复始。

目前，很多科学家持有的观点是：时间和空间并不是在大爆炸后才存在的，大爆炸只是开启了收缩发生前的一段纪元，宇宙的演化可能是循环的，由扩张和收缩这两种

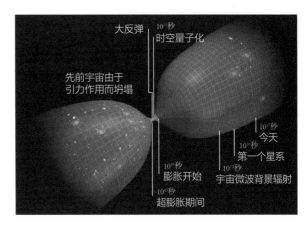

图13-15 不断循环、周而复始的宇宙

周期在规律地重复着。

按照霍金的观点：大爆炸以前没有时间和空间。在"大爆炸"之前的瞬间，宇宙是一个"豌豆"状的微小物体，它悬浮在一个没有时间的空间内。这个空间经历了迅速扩张，这种扩张被称作"膨胀"的时期。这种扩张发生在宇宙"大爆炸"之后极为短暂的一瞬间。

高密度下的爆炸

宇宙创生的那一时刻，即奇点存在的那一时刻，宇宙体积为零，也是就是说，在那样的宇宙初期还没有出现星系，即使是星系都重叠在一起，我们也很难想象。在宇宙初期，非常小的领域内存在超出人类想象力的高密度状态。

宇宙就是在这种高密度的状态下发生爆炸的。也就是"Big Bang"，宇宙大爆炸理论，是根据天文观测研究后得到的一种设想。大约150亿年前，宇宙所有的物质都高密度地集在一点，有着极高的温度，因而发生了巨大的爆炸。大爆炸后，物质开始向外大膨胀，就形成了今天我们看到的宇宙。

关于大爆炸宇宙有两种假设：第一种是爱因斯坦提出的，能正确描述宇宙物质的引力作用的广义相对论；第二种是所谓宇宙学原理，即宇宙中的观测者所看到的事物既同观测的方向无关也同所处的位置无关。这个原理只适用于宇宙的大尺度上，而它也意味着宇宙是无边的。宇宙的大爆炸源不是发生在空间的某一点，而是发生在同一时间的整个空间内。有这两种假设，就能计算出宇宙从某一确定时间起始的历史，而在此之前，何种物理规律在起作用？至今还不清楚。

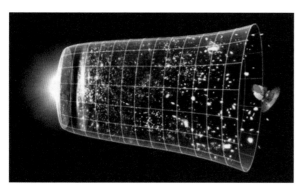

图13-16　大爆炸宇宙模型

图13-17　宇宙就像膨胀的气球，但人类的思维只能停留气球的表面上，而不能进入气球里面去

宇宙膨胀就是空间膨胀

我们把现在的宇宙假设成一个三维的立方体，其边长为1000万光年。在这个立方体的长、宽、高三边上每隔100万光年放置一个星系，这样每边就可以放置10个星系。这

个立方体之中就含有 1000 个星系。

空间膨胀的概念，就是指立方体中含有的星系个数不变，立方体体积变大。那么，宇宙是现在 1/8 大小的时候，立方体的边长是 500 万光年，星系的间隔是 50 万光年。宇宙是现在 1/1000 大小的时候，立方体的边长变成 100 万光年，星系的间隔是 10 万光年。

这样再往过去追溯，星系会越来越集中，星系分布的密度会越来越高。最终，所有的星系都相互重叠在一起。

大爆炸仍然是一个假说

宇宙奇点是指宇宙引力大坍塌灭亡的点，也是宇宙大爆炸诞生点。奇点是一个密度无限大、热量无限大、温度无限高、压力无限大、时空曲率无限大、体积无限小的"点"。奇点理论的基础是宇宙大爆炸，大爆炸是解释诸多宇宙物理现象最好的理论，但目前仍然是一个假说。

第十四章
星际文明
探索

随着人类对太空奥秘探索的不断深入，天文学中的许多问题都归结到：在宇宙中我们是孤独的吗？地球的生命代表一次特别意外，或者是一次自然规律不可逆转的结果吗？为此，人类对太空的探索不断向宇宙外层空间延伸。

1 宇宙没有边界，也可能存在外星人

乔尔丹诺·布鲁诺设想的宇宙是一个没有边界的宇宙，而哥白尼设想的宇宙是一个以太阳为中心的有限的宇宙。科学家们认为，布鲁诺是在哥白尼思想的基础上，向前迈进了一大步，但在当时，他为坚持这一真理付出了生命。

图14-1　罗马鲜花广场的乔尔丹诺·布鲁诺塑像

1584年，布鲁诺曾提出："千万颗恒星都像太阳一样巨大而炽热，这些恒星都是以巨大的速度向四面八方不断地辐射能量。它们的周围也有许多像我们地球这样的行星，行星周围又有许多卫星。所以，生命不仅在我们的地球上有，也可能存在于那些人们看不到的遥远的行星上……"

1961年，法兰克·德雷克提出了一个著名的公式，可以估算出银河系中有多少个具有智慧的生命体星球，这个公式被称为德雷克方程式。

图14-2　宇宙中有无数个类似太阳系的星系

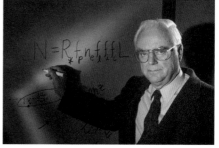

图14-3　法兰克·德雷克讲解他著名的公式

在实验室中验证了生命的起源

1953年，芝加哥大学的学生斯坦利·米勒和他的老师哈罗德·尤里做了一个关于生命起源的实验：他们让电流通过一些能够模拟地球原始大气层的混合气体时，得到了氨基酸。

今天，科学家们认为：在宇宙之初，一切物质都是简单化学形态；后来产生了氨基酸，氨基酸是蛋白质；蛋白质是形成单细胞的基础，而单细胞逐渐地形成了植物和动物。

图 14-4　斯坦利·米勒

2　尝试接收外星人的信号

图 14-5　菲利普·莫里森（左）和朱塞佩·科尼（右）

1959 年，美国康奈尔大学的两位物理学家菲利普·莫里森和朱塞佩·科尼在 *Nature* 杂志上发表了一篇文章，指出了用微波进行星际通信的可能性，从此拉开了人类利用射电望远镜进行地外文明探索的帷幕。

图 14-6　"奥兹玛"计划使用的位于西弗吉尼亚州的绿堤电波望远镜

我们都读过童话《绿野仙踪》，借用童话中奥兹国的名称，科学家们于 1960 年创立了一个"奥兹玛"计划，这个计划的目标是搜索来自其他星球的信号。虽然至今还没有获得有价值的结果，但这个项目却在 1990 年获得美国政府的关注和重视，为后来启动地外文明搜寻（Search for Extra Terrestrial Intelligence，SETI）项目奠定了基础。

1977 年 8 月 16 日，俄亥俄州立大学的大耳朵电波望远镜观测到了一个"Wow"的信号，并且持续地观测到了 72 秒钟，但是之后再也没有收到这种信号。

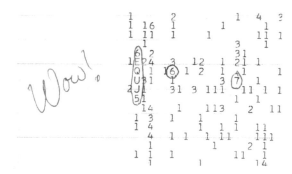

1992 年，美国政府资助启动了为期十年的 SETI 项目，采用射电接收方法来接收地球外的文明发来

图 14-7 大耳朵电波望远镜观测到的"Wow"信号

的无线电波，但一年后取消了这个项目。1993 年，SEIT 项目委员会再次讨论决定启动一个"凤凰计划"项目，开始在南半球利用澳大利亚新南威尔士的帕克斯 64 米射电望远镜进行观测，随后又返回到北半球的美国国家射电天文台。直到 2004 年，"凤凰计划"已观测了恒星系名单上一半的行星，但仍然未有地外文明信息被检测到。

图 14-8 澳大利亚新南威尔士的帕克斯射电望远镜（左）和银河系的其他恒星系（右）

3 向外星文明发送信息

1974 年，在法兰克·德雷克的主持下，科学家们利用无线电波从地球向外太空发射了"阿雷西博"信息，给任何可能正在收听的外星文明。

2013 年，美国科学家发起"孤独信号"的项目。任何人只要在"孤独信号"网站注册并支付费用，就可将自己的信息发送到太空。当年 7 月 18 日，"孤独信号"项目发出第一批无线信号，其中一条是美国预言家雷·库兹韦尔的："来自奇点大学的问候。当你收到我们的信息时，科技已足以让我们互相了解和交流。"这条"信息"将于 18 年后抵达红矮星 Gliese526，如果那里存在地外文明，那么这个结果至少要在 36 年后才能揭晓。

图14-9 法兰克·德雷克在发射"阿雷西博"信息的天线前

图14-10 "孤独信号"项目租借30年的加州詹姆斯堡通信卫星地面站

红矮星Gliese526是宇宙中的另一恒星系统，距离地球大约18光年，科学家们认为它存在适宜生命生存的行星概率相对较大。

图14-11 艺术家笔下的"红矮星Gliese526"

对生命形式的更多思考

1977年，杰克·威廉姆森和同事意外地发现了地球深海热液喷口里面和附近存在着生物群落，证明了在极端环境下存在生命。由此可见，在遥远恒星系的行星上，也许存在着其他生命形态。

英国物理学家斯蒂芬·霍金认为：假如外星人来拜访我们，结果会跟克里斯托弗·哥伦布首次登陆美洲差不多，那对于美洲原住民来说，并不太妙。他认为人类最好不要跟外星人接触，以免被外星人征服。

图14-12 存在生物群落的深海热液喷口的附近

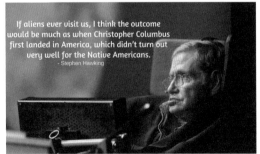

图14-13 担忧外星人会威胁人类的霍金

第十五章
坐地观天

天文台是专门进行天象观测和天文学研究的机构。通常，天文台分为：

　　光学天文台：主要装备为光学天文仪器，从事方位天文学或天体物理学方面的研究。

　　射电天文台：主要由巨型甚至超巨型的无线接收设备和基站等构成，从事射电天文学的研究。

　　空间天文台：主要由一些用于空间观测的人造卫星组成，配备非常先进的光学观测系统。

　　另外，还有教学天文台和大众天文台。教学天文台用于教学研究，而大众天文台主要起到科学普及的作用，面向大众开放。

1 通往宇宙的窗口——世界著名天文台

天文台是天体观测和天文研究的重要场所，也是天文学发展的重要产物。事实上，世界著名的天文台都有其重要发现。此外，掌握天文知识，最好的途径就是走进天文台。

（1）英国：皇家天文台

皇家天文台始建于 1675 年，位于陡峭的山顶上。1884 年，这个天文台所在位置的子午线被确定为世界时间和经度计量的标准参考子午线，也称为零度经线，所以这里横跨两个半球。在这里，人们可以调手表，对准世界上最为标准的时间。

皇家天文台早已停止天文观测研究，它曾属英军管辖。1997 年皇家天文台被联合国教科文组织列为世界珍贵遗产。目前，皇家天文台是英国国家海事博物馆的一部分，展览天文和航海工具等，包括影响世界的哈里森计时器和 1893 年制作的、当时英国最大的折射望远镜。

（2）智利：帕瑞纳天文台

智利是世界发展天文学的基地，这个国家聚集了全球三分之一的天文望远镜。20 世纪 90 年代，欧洲南方天文台选中了拉西拉山以北约 600 千米的帕瑞纳山，这里海拔 2632 米，距离海岸线约 12 千米，气候干燥，没有灯光干扰，全年的晴夜数量大于 340 个。

帕瑞纳天文台的核心装备是四台 8.2 米口径的甚大望远镜，既可单独使用，也可组成光学干涉仪进行高分辨率观测，它可以以极高的灵敏度测量光谱的变化。例如，地球会引起阳光 9 厘米每秒的径向速度变化，这种细微的摆动会引起阳光颜色的微小变化。帕瑞纳天文台的主要任务之一就是寻找系外行星。

图15-1　英国的皇家天文台

图15-2　智利的帕瑞纳天文台

（3）印度：简塔·曼塔天文台

简塔·曼塔天文台建成于 18 世纪初，是印度保存最完好的古天文台，是联合国教科文组织评定的世界遗产。简塔·曼塔天文台位于印度拉贾斯坦邦的斋浦尔，它由 19 部以固定装置为主体的天文仪器组成，包括天文观测仪、逆向日晷、圆圈型天文观测仪等。这些天文仪器在许多方面有着自身的特点。例如，天文台上有十二柱圆亭，据说每个柱子代表一个月份；有十二个三角形的建筑，据说代表着十二个星座。

简塔·曼塔天文台是为用肉眼进行天文观测而设计的，是为方便 18 世纪的星象家观测天象、预测事务而建造的。

（4）美国：莫纳克亚山天文台

莫纳克亚山天文台位于美国夏威夷群岛大岛上的莫纳克亚山顶峰上，它是世界上最高的天文台。

莫纳克亚山是个火山小岛，海拔 4200 米，全年平均晴夜数可达 280 个以上，远离大气层扰动，是世界最好的天文观测地点。目前，莫纳克亚已经成为世界现代大型望远镜的荟萃之地。其中包括加拿大和法国联合建造的 3.6 米望远镜、英国的 3.8 米红外线望远镜、美国的 10 米口径的"凯克 1 号"和"凯克 2 号"望远镜。此外，还有美国国家光学天文台用于观测"昴"星团的北双子望远镜和世界上最大的单镜面望远镜。

图15-3　印度的简塔·曼塔天文台　　　　图15-4　美国的莫纳克亚山天文台

（5）西班牙：穆查丘斯罗克天文台

穆查丘斯罗克天文台位于西班牙加那利群岛中的拉帕尔玛岛上，是欧洲北方天文台的一部分，由西班牙加那利天文物理研究所管理。穆查丘斯罗克天文台有许多先进的天文仪器，坐落于此的口径为 10.4 米加那利大型望远镜是世界上最大的单一口径望远镜，目前中国正在建设一个更大的光学望远镜，将会超过它。

目前，世界上有 20 多个国家在此建站。瑞典制造的自适应光学太阳望远镜，也坐落于此，该望远镜可获得世界最高分辨率的太阳影像。此外，这里还拥有世界上最大的地面基础望远镜和最大的伽马射线望远镜。

图15-5　坐落在穆查丘斯罗克天文台的世界上最大的单一口径望远镜

（6）新西兰：卡特天文台

卡特天文台是新西兰历史最悠久的天文台，这个天文台的托马斯库克望远镜可以将南方天空尽收眼底。

卡特天文台是以英国移民查尔斯·卡特（Charles Carter）命名的天文台。卡特于1896年7月22日去世，他把一本很有价值的书和小册子捐赠给新西兰研究所，剩下的遗产捐赠给新西兰皇家学会用于建造天文台。

卡特天文台不同于其他天文台，更注重于普及天文科学教育。天文台的全穹天顶太空广场，可以帮助游客领略浩瀚太空。另外，两个新建的展览大厅里面，还增加了航天技术。其中的皮克林展厅可供游客体验发射火箭、触摸月球；图胡拉展厅则是一个有趣的互动式空间，孩子们可以在此体验宇航员的太空生活。

图15-6　卡特天文台的全穹天顶太空广场（左）和英国移民查尔斯·卡特（右）

图说星球：
探索宇宙和星球起源的奥秘

（7）加拿大：大卫·邓拉普天文台

大卫·邓拉普天文台位于加拿大安大略省列治文小城镇的山上，始建于20世纪30年代。这个天文台曾经隶属于多伦多大学，现在由加拿大皇家天文学会多伦多中心管理。这个天文台具有一台74英尺（约22.5米）的反射望远镜，重21吨（不包括主镜），它是加拿大最大的望远镜，也是世界上第二大的天文望远镜。

（8）德国：爱因斯坦天文台

爱因斯坦天文台位于德国波茨坦爱因斯坦科学公园内，由德国著名建筑师门德尔松设计，最初于1917年左右构思，1919年完工，1924年开始运行。第二次世界大战期间，它遭到轰炸而受到严重破坏，但剩下的建筑比原来更符合门德尔松的草图。爱因斯坦天文台于1999年经历了完整的装修。

爱因斯坦天文台建筑物上部的圆顶是一个天文观测室，容纳了一座太阳望远镜，由天文学家厄文·芬利设计，这台望远镜用来观察和验证爱因斯坦相对论。建筑物的下面是若干个天体物理实验室，虽然爱因斯坦从来没有在那里工作，但他却始终支持天文台的建设和运营。目前，爱因斯坦天文台仍在运行，属于莱布尼茨天体物理研究所的一部分。

图15-7 加拿大的大卫·邓拉普天文台

图15-8 德国的爱因斯坦天文台

（9）西班牙：法布拉天文台

法布拉天文台是一座极具历史性的建筑，位于西班牙加泰罗尼亚城市巴塞罗那市南郊，海拔高度415米。法布拉天文台创建于1904年，属于巴塞罗那皇家科学和艺术学会。100多年以来，它一直致力于气象学、地震学和天文学的科学研究，天文台的主要工作是研究彗星和小行星。目前，法布拉天文台是世界上仍在使用的天文台中第四古老的天文台，游人可以在这里通过巨大而古老的望远镜观察星象。

（10）美国：格里菲斯天文台

1896年12月16日，格里菲斯为了让公众接触天文学和开启智慧，向洛杉矶捐赠了3015万平方米土地和资金，建造格里菲斯天文台。

格里菲斯天文台位于美国洛杉矶城中心西北方向的山上，既是天文台，又是观景的绝佳地点。在格里菲斯天文台上可以远眺对面山上的白色的"Hollywood"字样，也可以远眺洛杉矶的高楼大厦。格里菲斯天文台的天象仪曾被用来训练阿波罗计划的登月航天员。

格里菲斯天文台配备了4个固定的望远镜。通过0.3米反射镜的蔡司望远镜，人们可以看到独特的夜空景观。

图15-9　西班牙的法布拉天文台

图15-10　美国的格里菲斯天文台

（11）美国：基特峰国家天文台

基特峰国家天文台位于美国亚利桑那州图森市西南90千米处，在索诺拉沙漠上高耸屹立，纯白圆顶与众不同，别具特色。虽然基特峰国家天文台的建筑物与周围的建筑物星罗棋布，不引人注目，但却藏有全球数量最多的光学望远镜。

基特峰国家天文台是美国国家光学天文台的一部分，拥有4米口径的梅耶尔望远镜、世界上最大的太阳望远镜等。该天文台的主要工作是搜索小行星、彗星，观测月球、脉冲星和遥远的星系。

（12）瑞士：斯芬克斯天文台

斯芬克斯天文台位于瑞士少女峰山坳。天文台的名称"斯芬克斯"就是所在的岩石山顶的名称。斯芬克斯天文台海拔3571米，是世界上少数的高海拔天文台之一。斯芬克斯天文台的观景平台是面向大众开放的，并且还挖了通往山顶的隧道，安装了电梯，乘坐电梯可以从少女峰火车站直接升到天文台的观景台。少女峰火车站是欧洲海拔最高的火车站。

斯芬克斯天文台包括两个大型实验室、一个气象观测站、一个工作室、两个科学实验平台，还有一个穹顶，配备了76厘米的卡塞格伦望远镜。

图 15-11　美国的基特峰国家天文台　　　　　　　图 15-12　瑞士的斯芬克斯天文台

（13）中国：紫金山天文台

紫金山天文台是中国著名的天文台之一，位于南京市东南郊风景优美的紫金山海拔267 米的第三峰上。

紫金山天文台是中国科学院在天文领域的一所重要研究机构，其前身为 1928 年成立的国立中央研究院天文研究所，1950 年 5 月 20 日更名为中国科学院紫金山天文台。

由于南京地区灰霾和光污染等原因，紫金山天文台于 20 世纪 80 年代末改为科普教育基地。

图 15-13　中国的紫金山天文台

2　测量天体尺寸的一种简易方法

在地球上，测量物体的尺寸，有很多种方法。然而，尽管这些方法在地球上非常有效，却不适用于星空天体的尺寸测量，因为星空天体的尺寸非常大。

但是，你知道吗？测量星空天体的尺寸，有一种非常简单的方法。只要伸出手，动动手指，就可以测量出来。

（1）什么是天体的角距

在天文学中，天空中星星的大小通常都是根据在地球上对星体的观测角度来描述，天文学家也是用这个观测角度来计算星体间的距离或计算星体直径，这个观测角度称为"角距离"，简称"角距"。观测角度的单位用度（°）、分（'）和秒（"）表示。采用六十进制，即以60为基数的进位制：1°=60'=3600"。

以月球为例。我们可以通过测量月球的角距来描述月球的大小。如果你用眼睛在月球的两个边缘画两条线，这两条线之间的夹角为0.5°，就是月球的角距。月球角距也表示月球覆盖了整个天空（整个天空为360°）的0.5°。

那么，怎样测量这个角度呢？通常有多种多样的方法，这里我们介绍一种最简单的方法，即"手指"测量方法。

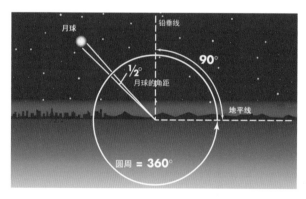

图15-14　月球角距的表观

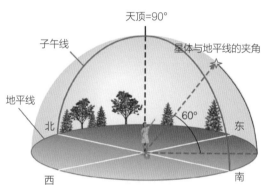

图15-15　我们站在天球中心

（2）手指测角距

现在，将我们的星空看作是一个大球体，也称它为天球，而我们就站在这个球体的中心。环绕圆或球体一周为360°，而当你抬头看天空，只能看到半边天，也就是天球的180°。天球的另一半在地平线以下，你是看不见的。在天球中，你的正上方是天顶，天顶与地平线的夹角总是90°。

现在你站稳，然后胳膊伸直，小拇指顶端的宽度大约是1°，食指、中指和无名指3根手指在一臂远处的宽度大约是5°，一个拳头的宽度大约是10°，小拇指和食指间张开的距离大约是15°，整只手从大拇指到小拇指的宽度大约是25°（如北斗七星星座的角距为25°）。更长的距离可以重复使用这些标准来估计。

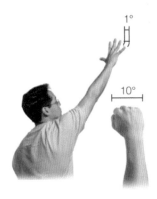
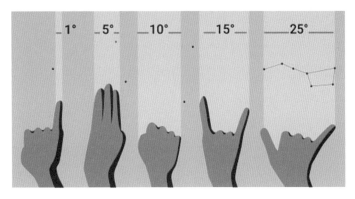

图15-16　手指对应的角距

满月的角距约为 0.5°，北斗星座中的天璇星和天枢星之间的角距为 5°。

图15-17　测量天体角距的简便方法

（3）用北斗七星校对你手指

握拳，手背对自己。拳头的宽度大概是 10°。这意味着，任何两个物体正好位于拳头的两侧时，它们的间距为 10°。北极星和北斗七星中的天枢星的间距为 3 个拳头，这说明这两颗星的角距或方位夹角为 30°（图15-18 中为 28°，接近 30°）。

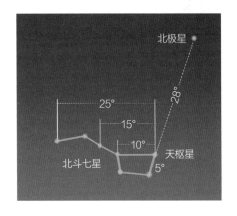

把拳头打开，尽量张开你的小拇指和大拇指，并弯曲其余的手指。这时小拇指和大拇指的指尖之间跨了大约 25°，正是北斗七星的跨度。

现在，假如你握起的拳头不是 10°，可以前后移动，或靠近你的眼睛，直到它达到 10°。注意你要保持一种握拳头方式，并且从现在开始总是以同样的方式握着它，这样才能得

图15-18　北斗七星的角距

到一个一致、准确的测量结果。

当然了，这些测量数据都是估计值，毕竟人的手都有着不一样的大小。但是，借助简单的测量"手"法，不仅能理解最基础的观星术语，而且还能告诉其他观星初学者，哪儿能看到他想看的天体。

（4）计算月球直径

谈到计算"月球直径"，不得不提一位开创用科学方法计算天体距离的科学家。在公元前 270 年前后，尽管许多人都认为地球是静止的，但萨摩斯岛的一位古希腊天文学家阿利斯塔克（Aristarchus）用数学理论精密地计算出了太阳的半径为地球的 7 倍（实际上是 109 倍）、太阳到地球的距离是月球到地球的距离的 19 倍。他还提出宇宙中最大的物体是太阳，而不是地球，推测出太阳是相对静止的，而地球和其他星体则以太阳为中心做圆周运动，地球不仅每年绕太阳公转一周，而且又每日自转一周。

在那个时代，他的学说遭到天文学家们的质疑。但他的学说却开创了人类用科学的方法来测量天体距离和日月大小的历史。

[观测实验] 计算月球直径。

前面已经介绍过了，用自己的手指对准月球，则可以测量出月球的角距为 0.5°，将它转换成弧度：

月球角距=0.5°=0.5°×$\frac{\pi}{360}$=8.7×10^{-3}弧度。

因为地月之间的距离大约为 40 万千米。按照阿利斯塔克的思想，可以计算出月球直径 D：

D=地月距离×角距=400000×0.0087=3480 千米。

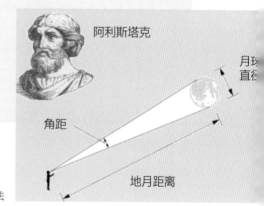

图 15-19　计算月球直径的阿利斯塔克方法

（5）寻找你所在位置的纬度

如果你在北半球，你可以用你的手，找到你当前位置的纬度。要做到这一点，在身体的前方伸直你的胳膊，手指指向北极星，则可测量出地平线和北极星之间的角度，这个角度就是你所在位置的纬度。

如果你在南半球，则不能用这种方法，因为你找不到一颗像北极星一样明亮的恒星。

[观测实验] 利用北极星，找自己所在位置的纬度。

南京航空航天大学航天学院的一位同学，在南京航空航天大学江宁校区的樱花广场进行实验观测，观测步骤如下：

步骤1：根据方位，找到北斗七星，用北斗七星校准手指。

步骤2：找到北极星，然后伸出手臂和小指，开始测量纬度，经过反复测量和校准，记录实验结果。

[实验结果] 樱花广场位于北纬30°～35°。

图15-20　利用北极星测量自己所在位置的纬度

[实验感言] 星辰逐渐沉寂，只有北极星还在熠熠生辉，与月亮交相辉映。其实当日的天气对于做实验来说并不是很友好，但是为了等待星星露出那一刻，寻找最佳观测角度、观测时机的过程是非常愉悦的。最后实验成功的那一刻最是令人开心。

3　一起来观察行星

如何观察火星冲日

火星很容易被观察到，它是目前夜晚看到的较亮的天体。中国人称之为"荧惑"，它明显的顺、逆行运动曾是开普勒提出行星运动定律的关键。当火星朝着相反的方向前进时，会慢慢地与太阳排成一列。

每隔26个月左右（约779.94个地球日，也等于2年49天），火星和地球就会在太阳的同一侧排列，且火星和太阳位于地球的两边。在天文学中，这一排列被称为"对位"，也称为"火星冲日"，此时，火星与太阳的地心经度相距180°。如果恰好位于"近日点"附近，则称为"火星大冲"。

与之相反的是，当火星与地球处于太阳的两边时，也会发生这种情况，称为"火星连珠"。

对于地球人类而言：从旋转地球的观点看，火星从东方升起，太阳从西方落下；然后，在天空中停留一整夜之后，火星在西方落下，太阳从东方升起。因此，当火星位于"冲"时，不仅整夜可以观察火星，而且此时火星离地球最近，火星视直径最大，也最亮。

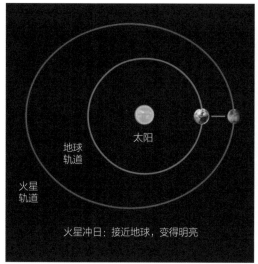 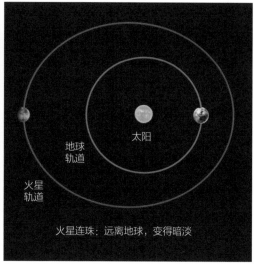

图 15-21　火星冲日和火星连珠

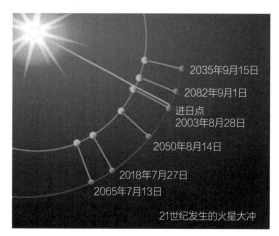

图 15-22　每隔 15 ~ 17 年，当地球从太阳和火星之间经过，火星恰好位于近地点时，距离地球最近（图中为格林尼治时间）

虽然火星的红色很容易被识别，但从地面望远镜所看见的火星，大部分时间都只是一个橙色的模糊小圆点。只有在"冲日"前后一两个月期间，我们用肉眼也能看到它。如果此时，利用高质量的望远镜来观测，更能看清楚它表面的特征、尘暴、云与极冠等明暗变化。

例如，2020 年整个 10 月底之前，火星的亮度超越木星，并上升为地球天空中第四亮的天体，仅次于金星、月球和太阳。天文学家使用一种叫作星等的尺度来评价天体的亮度，整个 10 月期间，火星亮度达到 −2.6 星等的峰值。到 2020 年的 11 月底，火星的亮度达到 −1.1 星等，比夜空中遥远恒星天狼星还要暗一些。

最适合观察火星的小望远镜是高质量的折射镜，口径最好在 15 厘米以上，20 ~ 25

厘米以上大口径的反射镜或折反射镜虽然成像锐利度稍差，也是不错的选择，但需先经过良好的调校。

图 15-23　沈阳航空航天大学学生使用 Skywatcher 望远镜拍摄的火星

如何观察日食

（1）究竟是应该称作"日食"还是"日蚀"呢？

有些人将"日食"称为"日蚀"，如果叫作"日蚀"，这个"蚀"变成侵蚀、腐蚀之义？

其实，"日食"的"食"是"吃"的意思，源自古代民间传说"天狗食日"，是太阳被天狗吃掉一口，所以应该称为"日食"才是正确的。

所以，日全蚀、日环蚀、日偏蚀，应该称为日全食、日环食与日偏食。

（2）何谓日食，如何发生的？

日食指的是月球运行到太阳和地球之间，并挡住了全部或部分太阳的现象，此时，地、月、日三者连成一线。

至于日食的种类则有以下几种：

① 日偏食　月球从太阳的边缘经过，遮住部分太阳。

② 日全食　月球从太阳的正中央经过，并完全遮住太阳。

③ 日环食　月球从太阳的正中央经过，但并没有完全遮住太阳。

为什么有日全食和日环食的区别呢？这是因为月球绕地球的轨道和地球绕太阳的轨道皆为椭圆形，因此月球和地球、地球和太阳之间的距离并非永远相同，而是时近时远。

由于地球与月球的距离不尽相同，所以不是每次日食都会完全遮住太阳。当月球距离地球较近，可完全遮住太阳，就形成了"日全食"；而当月球距离地球较远，月球无法将太阳全部遮住，而剩下一个圆圈，就成了所谓的"日环食"。

（3）日环食发生时的过程

① 初亏

因月球自西向东绕地球公转，当月球东沿相接于太阳西沿，日食正式开始，太阳开始出现"亏损"。

② 环食始

月球继续往太阳中心移动，当月球边缘与太阳边缘内切的时候，称为"环食始"。

③ 食甚

当月球中心与太阳中心最接近时，太阳几乎被月球遮挡，仅剩一圈亮圈，称为"食甚"。此时是日环食观测最震撼的一刻，也是地面感受最暗的时候。

④ 环食终

月球继续移动离开太阳中心，当边缘再次内切于太阳边缘，称为"环食终"。

⑤ 复圆

"环食终"之后月球遮挡太阳越来越少，当月球西沿外接于太阳东沿，太阳圆盘形状完全恢复，整个日食过程结束。

注意1：若是日全食，则"过程②"全食开始称为"食既"，"过程④"全食结束称为"生光"。

注意2：日偏食的过程只有初亏、食甚、复原。

（4）观测日食的安全防护

选定好地点后，要怎么观看日食呢？

2020年的日环食是难得一见的天文奇观，所谓"工欲善其事，必先利其器"，不管用什么方法去观赏日食的时候，减光设备保护自己眼睛的工作可不能少。

日食从开始到结束，观赏过程中都必须使用太阳滤镜或是太阳滤光片，其他名称还有很多，如太阳滤膜等。使用前必须确认滤镜或滤片的表面有无受损的现象，有刮痕或折痕都会影响减光的质量，有一定危险性，使用过程中有可能会因为吸热后滤镜或滤片破裂而漏光到您的眼睛之中，会造成眼睛受损，严重时会有失明的可能。所以使用前一定再详加检查，有问题的滤镜或滤片千万不可使用，以免发生危险。

市场销售的减光滤片，都有一定减光效果，但不一定可以用来观看日食。可以用来欣赏日食的滤光镜或滤光片必须达到减光十万分之一的效果。使用不合格的滤镜或滤片等于是拿自己的眼睛开玩笑，使用太阳眼镜或是光盘片、曝光过的底片等，也是绝对不可取的观测方式，都有一定的危险性。

（5）如何拍摄日食

①用三脚架来稳定相机。

②用一个"太阳滤镜"盖住你的相机镜头，或者直接用日食眼镜。记住，在日食开始的时候遮住镜头。

③在全食的时候摘掉滤镜。

④如果你想拍看日食时候周围的人或者景观，用低光的设置，可以手动调节快门速度。

注意：在日食到来之前要做练习。在日落后的月光下找找感觉，拍几张月球的照片来练习手动调节相机焦距。

一起来试试吧，裸眼找行星

八大行星，如果不借助望远镜，你能看见多少颗？

在望远镜出现之前，古代天文学家用肉眼就可以识别恒星和行星，并且可以确定水星、金星、火星、木星和土星的位置，但对普通老百姓来说，是比较困难的。今天，在智能手机和电脑的帮助下，每一个人都可能轻而易举地找到八大行星中的那五颗行星。怎么找呢？让我们一起来尝试一下吧。

（1）**选择合适的时间**

如果你想用裸眼观察行星，时间是关键。通常，寻找行星的最佳时间大约是日出前45分钟。日出的准确时间会因季节和地点的不同而有所不同。在尝试观察行星之前，最好花几天时间跟踪日出，这样你就可以知道外出观星的最佳时间。

图15-24　日出前的45分钟

（2）**选择一个合适的观察地点**

选择一个合适的地点，保证在那里可以看到日出。这意味着选择没有建筑物、树木或其他地标挡住你的视线，同时也要考虑光污染最少的地方。

如果你住在农村地区，应该很容易找到一个没有障碍物的地方。但是大树会挡住你观察行星的视线，所以选择地点时，一定注意避开大树的遮挡。

如果你住在市区，可以选择运动场，也可以选择楼顶或公园等开阔场地。

（3）查阅星图

通常，行星在日出时落下，并且它们的顺序保持不变，但它们的具体位置会随着季节而变化。例如，你可能不得不在一年中的某些时候往东方看，才能准确地看到行星。

准备观星之前，在你的手机或笔记本电脑上下载一款观星软件。例如，"Stellarium"是一款开源的天象模拟软件，它以3D形式展示了极为逼真的星空，就像你在真实世界使用裸眼、双筒望远镜或天文望远镜看到的一样。

（4）寻找金星和木星

金星是肉眼最容易找到的行星，因为它是太阳系中最亮的行星，木星是第二亮的，所以也很容易寻找。如果你稍微往日出位置的南面看，你应该会看到天空中一颗异常明亮的星星，这就是金星；你再往南看一点，你会看到另一颗明亮的星星，这就是木星。

金星和木星的位置会随季节变化，在1月和2月可能更容易找到。参考观星软件，来校准你的时间。

（5）在金星附近，寻找水星

水星是离太阳最近的行星。如果你稍微看一下金星的左下方，你会看到天空中另一颗星星，这就是水星。因为水星不像其他行星那么亮，所以很难找到它。水星有时隐藏在暮色或云层后面。如果天空不明朗，你可能是不幸的，无法用肉眼找到水星。

图15-25　金星和木星的位置

图15-26　水星的位置

（6）继续寻找土星和火星

土星和火星位于金星和木星之间。它们可能并不总是肉眼可见。在每年的1月和2

月期间，它们可能更容易被发现。土星离金星近，而火星离木星近。

你可以用颜色来寻找土星和火星。土星会发出黄色的光芒，这将它与其他恒星区分开来。火星会呈现出铁锈色或红色。

记住，在一年中的某些时候很难看到土星和火星。有时，它们可能用肉眼根本看不见。在出发之前先查看你的星图，看看那天早上是否有可能找看土星和火星。

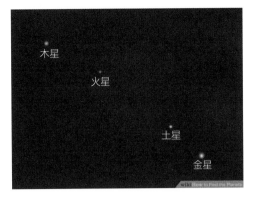

图 15-27　火星和土星的位置

如何利用网络资源寻找行星？

（1）智能手机的应用

由于夜晚的天空天象是随着时间的变化而变化，所以对于爱好天文的初学者而言，要定位行星是很困难的。为了便于寻找，可以在智能手机上安装一款交互式观星软件程序。

对于安卓系统的手机，可以安装一款名为"Stellarium"的应用程序，这个应用程序可以提供一个交互式的基于时间的 3D 星空图。如果你把手机对准一个未知的物体，Stellarium 软件可以帮助你识别天空中的星体或星座等。如果是 iOS 系统的手机，可以试试 SkyGuide 软件。

（2）计算机的应用程序

除了可以在手机上下载使用，还可以将软件下载到电脑里。在电脑里安装一款"Stellarium"软件，并建立桌面快捷启动。当你去观星之前，可以快速地查看那天的天象，知道那天晚上去哪个方向找星星。

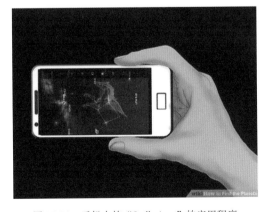

图 15-28　手机上的"Stellarium"的应用程序

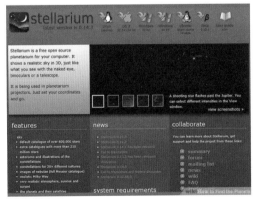

图 15-29　"Stellarium"软件界面

（3）尝试使用星图表

如果你觉得手机和电脑会分散观星的注意力，那就试着使用星图表。星图表是传统的观星指导书籍，借助这些书籍，可以根据时间和地点来分析星星的位置。

星图表提供了基于时间和地区的星图，可在这本书的索引中找到你需要的星图。外出观星时，带上合适的星图表，并把它作为你的向导。

4　选择合适的望远镜观看行星

怎样选择双筒望远镜？

（1）双筒望远镜上的数字（规格）代表着什么？

望远镜的基本表示方法是：倍率 × 物镜口径（直径，毫米），不同类型的望远镜的规格表示方法只有一些微小差距，但都不脱离这个模式。

① 固定放大倍率望远镜规格的表示方法是：倍率 × 物镜口径（直径，毫米）。例如，7×35 表示该种望远镜的倍率为 7 倍，物镜口径为 35 毫米；10×50 表示该种望远镜的倍率为 10 倍，物镜口径为 50 毫米。

② 连续变倍望远镜规格的表示方法是：最低倍率-最高倍率×物镜口径（直径,毫米）。例如，8-25×25 表示望远镜的倍率可在 8 倍至 25 倍之间连续变换，口径是 25 毫米。

③ 固定变倍望远镜规格的表示方法是：低倍率/高倍率（/更高倍率）× 物镜口径（直径，毫米），有时候也用"最低倍率-最高倍率 × 物镜口径（直径，毫米）"的表示方法。例如，15/30×80 指倍率为 15 倍和 30 倍固定变倍、口径为 80 毫米的望远镜。

④ 防水望远镜规格的表示方法是：一般在望远镜型号的后面加 WP（Water Proof），如 8×30WP 指倍率为 8 倍、口径为 30 毫米的防水望远镜。

⑤ 广角望远镜规格的表示方法是：一般在望远镜型号的后面加 WA（Wide Angle），如 7×35WA 指倍率为 7 倍、口径为 35 毫米的广角望远镜。

图 15-30　双筒望远镜

图说星球：
探索宇宙和星球起源的奥秘

（2）**望远镜倍率**

望远镜的倍率是指望远镜拉近物体的能力，如使用一架 7 倍的望远镜来观察物体，观察到的 700 米远物体的效果和肉眼观察到的 100 米远物体的效果是相似的。

很多人总认为倍率越高越好，实际上，一架望远镜的合理倍率是与望远镜的口径和观测方式相关的。倍率越大，稳定性也就越差，观察视场就越小、越暗，其带来的抖动也大大增加，呼吸的气流和空气的波动对其影响也就越大。手持观测的双筒望远镜，倍率在 7 到 10 倍之间是最合适的，最好不要超过 12 倍，如果望远镜的倍率超过 12 倍，那么手持观察将会很不方便。世界各国军用望远镜的倍率以 6 到 10 倍为主，而我国军用望远镜的倍率主要是 7 倍和 8 倍，这是因为清晰稳定的成像是非常重要的。

（3）**望远镜口径和望远镜视场**

口径是指望远镜物镜的直径。口径越大，观测视场、亮度就越大，有利于暗弱光线下的观测，但口径越大体积就越大，一般可根据需要在 21 到 50 毫米之间选用。近年来，市场上也出现了一些口径为 70 毫米、80 毫米、100 毫米的大口径望远镜产品，体积很大且配有支架。

视场是指在一定的距离内观察到的范围大小。视场越大，观察到的范围就越宽广、越舒适。视场一般用千米远视界（可观测的宽度）和换算成角度（angle of view）来表示，常见的有三种表示方法：一是直接用角度，如 9°；二是千米处的可视范围，如 158m/1000m；三是千码处英尺，实际上和第二种差不多，如 288ft/1000y。一般来讲，口径越大、倍率越低，视场就越大。

图15-31 望远镜的倍率与视场的关系

（4）**出瞳直径**

出瞳直径就是影像通过望远镜后在目镜上形成的光斑大小，出瞳直径可以用公式得出：

$$出瞳直径 = 物镜口径 / 倍率$$

由此可以看出，物镜口径越大、倍率越低，出瞳直径就越大。

从理论上讲，出瞳直径越大，所观察到的景物就越明亮，有利于暗弱光线下的观测。因此在选购望远镜时应尽量选择出瞳直径大些的。那么是否越大越好呢？也不是，因为我们正常使用望远镜时大都在白天，这时人眼的瞳孔很小，只有 2～3 毫米，如果使用出瞳直径大的，如 4 毫米以上，则大部分有用光线并不被人眼吸收，反而浪费。人眼只有在黄昏或黑暗时瞳孔才能达到 7 毫米左右。因此，一般情况下，选择出瞳直径不低于 3 毫米的望远镜就可以了。

（5）镀膜及其镀膜的作用

如果你注意观察的话，你会发现望远镜的物镜镜外会有不同的颜色，红色的、蓝色的，还有绿色的、黄色的、紫色的，等等，这就是平常所说的镀膜。

镜片镀膜有什么作用呢？镜片镀膜是为了防止光线在镜片上面反射的漫射光造成的薄雾般的白茫茫现象，较少反光，使透光率增加，增加色彩的对比度、鲜明度，提高观测效果。

一般镀膜层越多、越深、越厚，观赏效果越好，亮度越高。镀膜的颜色需根据光学材料及设计要求而定，镀膜越淡、反光越小越好。通常使用最多的是蓝膜和红膜，蓝膜是一种传统的镀膜，红膜是从 20 世纪上半期出现的。

红膜和蓝膜哪个更好？现在市场上有很多反光很强、亮闪闪的红膜望远镜，一些经销商把这种镀膜称为"红外线""次红外线""红宝石镀膜"等（真正的红外线夜视仪是光电管成像，与望远镜结构和原理完全不同，白天不能使用，需要电源才能观察），其实当光线穿透玻璃时，将不可避免地造成一些反射而降低亮度，镀了红膜后因为反射严重，亮度降低更多，这类望远镜一般是在雪地上阳光强烈照耀刺眼时使用。在正常情况下使用，蓝膜是比较好的。

（6）望远镜光学原理和测试

棱镜是一种光学元件，通过双筒望远镜将图像中的光线引导到你的眼睛中。老式"波罗棱镜"双筒望远镜的特点是前面的宽桶并不与目镜对齐。更新的"屋顶棱镜"模型是目镜和物镜对齐。外观上的差异并不影响光学性能，但是屋顶棱镜使双筒望远镜更小更轻。

大多数双筒望远镜都有一个中央控制装置，可以同时聚焦两个筒体。它们还包括一个"屈光度"调整环，以聚焦一个桶独立，弥补眼睛之间的视力差异。如果你戴着眼镜，在开始之前建议先把眼罩向下滚动或者把眼罩向下扭转。

如何测试双筒望远镜呢？为了了解对焦的轻松程度、双筒望远镜在你手中的舒适程度，以及它们的光学清晰度和亮度，你可以去实体商店试用几款你正在考虑的型号。如果商店没有要查看的测试图,那么就需要将焦点放在商店的一个特定对象上。然后,注意观察图像的整体清晰度和亮度,以及在你的视野中从一边到另一边清晰度和亮度的一致性。

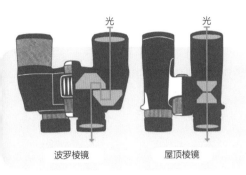

图 15-32 棱镜

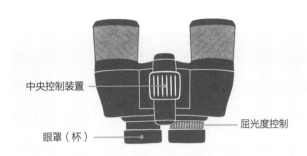

图 15-33 双筒望远镜

用双筒望远镜实现近距离观看行星

(1)准备你的望远镜

如果你想更近距离地观察行星,可以尝试利用望远镜。在去观察行星之前,需要花一些时间来熟悉这个设备,按照说明手册设置好望远镜,看看旋钮和手柄是如何工作的,必要时阅读说明书。

注意:

你不一定需要昂贵的双筒望远镜。然而,如果你喜欢观星、观鸟和观察野生动物,你可以投资买一款配置较高的双筒望远镜。

(2)用望远镜实现近距离观察金星

当你熟悉了望远镜的使用后,在日出前 45 分钟用它来观察行星。就像用肉眼观察行星一样,最好从金星开始。你可以很容易地确定金星的位置,因为它是一颗明亮的星星,在即将到来的日出位置稍偏南。一旦你发现了金星,你就可以把望远镜对准它进行观察。

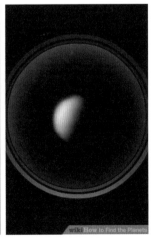

图 15-34 观察金星

注意:

① 在一年的不同时间里,金星会呈现出不同的形状和颜色。可以通过查阅相关教材或相关参考资料,了解金星在你观测那个季节期间的样子。

② 虽然望远镜可以增强你对行星的观察视野,但你接收到的图像比不上哈勃望远镜。你在夜空中看到的大多数图像都是灰色的,甚至在望远镜的帮助下也会显得很遥远。

(3)用双筒望远镜观测水星

由于水星不是特别明亮,经常被云层遮住,通常需要借助双筒望远镜才能找到它。试着把双筒望远镜对准天空,并把它们稍稍移到金星的左下方,你可能会发现一个小而明亮的类似恒星的物体,这就是水星。

注意:

水星离太阳很近,所以使用双筒望远镜时要小心。如果你错误地将双筒望远镜对准太阳,可能会对你的视网膜造成损害。

图15-35 参照金星,寻找水星

(4)用望远镜观测木星

一旦你寻找到了金星,就可以把望远镜转向左边或右边,寻找木星的全景。你也可以看到它的环带和一些木星的卫星。例如,在木星的中部看到两个尘埃环,这些是木星的带。你看到一些木星卫星可能在行星的任何一边,它们在某种程度上与带对齐。

图15-36 参照金星,寻找木星

本书部分资料来源：

中国国家航天局：http://www.cnsa.gov.cn/

美国国家航空航天局：https://www.nasa.gov/

维基百科：https://zh.wikipedia.org/

欧洲航天局：https://www.esa.int/

加拿大国家航天局：https://www.asc-csa.gc.ca/